河南省职业教育品牌示范院校建设项目成果

机 械 制 图

主 编 李玉保 汤其建
副主编 韩键美 李增泉
　　　　刘艳涛 毛晓东

黄河水利出版社
·郑州·

内 容 提 要

本书为河南省职业教育品牌示范院校建设项目成果,采用最新的《技术制图》及《机械制图》国家标准编写而成。全书共分为9章,主要内容包括制图的基本知识和技能、投影基础、立体的投影及表面交线、组合体的投影分析、轴测图、机件常用的表达方法、标准件与常用件、零件图和装配图。同时,编写了《机械制图习题集》与本书配套使用。

本书可作为高职高专和成人教育学院机械类及相关专业的教材,也可供有关工程技术人员参考。

图书在版编目(CIP)数据

机械制图/李玉保,汤其建主编. —郑州:黄河水利出版社,2017.5
河南省职业教育品牌示范院校建设项目成果
ISBN 978-7-5509-1763-7

Ⅰ. ①机⋯ Ⅱ. ①李⋯ ②汤⋯ Ⅲ. ①机械制图-高等职业教育-教材 Ⅳ. ①TH126

中国版本图书馆 CIP 数据核字(2017)第 099475 号

组稿编辑:陶金志 电话:0371-66025273 E-mail:838739632@qq.com

出 版 社:黄河水利出版社
　　　　　地址:河南省郑州市顺河路黄委会综合楼 14 层 邮政编码:450003
发行单位:黄河水利出版社
　　　　　发行部电话:0371-66026940、66020550、66028024、66022620(传真)
　　　　　E-mail:hhslcbs@126.com
承印单位:郑州金狮印务有限公司
开本:787 mm×1 092 mm　1/16
印张:14.75
字数:341 千字　　　　　　　　印数:1—2 000
版次:2017 年 5 月第 1 版　　　　印次:2017 年 5 月第 1 次印刷
定价:39.00 元

前 言

机械制图是一门培养学生阅读和绘制机械图样以及解决机械加工中空间几何问题的课程,是高等职业院校机械类专业必修的一门技术基础课。

本书从高等职业院校机械类专业的人才培养目标出发,根据《高职高专教育工程制图课程教学基本要求(机械类专业适用)》,按照"实用为主,必需和够用为度"的原则,结合编者多年教学实践经验及课程改革成果而编写。全书以培养学生阅读和绘制机械图样为目的,以解决生产实际问题为准则,对传统的机械制图课程内容进行了适当的调整和删减,力求突出高职高专教育特色,全面提升学生的识图制图能力。内容上注重针对性及应用性,叙述方法上通俗易懂,深入浅出,并采用了最新的《技术制图》及《机械制图》国家标准。

本书具体编写人员及编写分工为:绪论和第 9 章由李增泉编写,第 1 章由汤其建编写,第 2 章和第 3 章由刘艳涛编写,第 4 章和第 5 章由韩键美编写,第 6 章由李玉保编写,第 7 章和第 8 章由毛晓东编写。本书由李玉保、汤其建担任主编,李玉保负责全书统稿;由韩键美、李增泉、刘艳涛、毛晓东担任副主编。

本书配套的《机械制图习题集》同时出版。习题集选题与理论教学紧密结合,由浅入深,由易到难,针对性强,学生通过做题可以从不同角度深入理解和掌握课程内容,培养灵敏的思维、较好的空间想象能力和动手能力。

由于编者水平和能力有限,书中内容难免有疏漏之处,敬请广大师生和读者批评指正,以便今后继续改进。

编 者
2015 年 8 月

目 录

前 言
绪 论 ……………………………………………………………………… (1)
第 1 章 制图的基本知识和技能 ………………………………………… (3)
  1.1 国家标准《技术制图》和《机械制图》的基本规定 …………… (3)
  1.2 常用绘图工具和仪器的使用 ……………………………………… (15)
  1.3 几何作图 …………………………………………………………… (18)
  1.4 平面图形的分析与画法 …………………………………………… (23)
  1.5 绘图的方法和步骤 ………………………………………………… (28)
  本章小结 ………………………………………………………………… (31)
第 2 章 投影基础 ………………………………………………………… (32)
  2.1 正投影法与三视图 ………………………………………………… (32)
  2.2 点的投影 …………………………………………………………… (36)
  2.3 直线的投影 ………………………………………………………… (39)
  2.4 平面的投影 ………………………………………………………… (45)
  2.5 平面内的点和直线 ………………………………………………… (49)
  本章小结 ………………………………………………………………… (51)
第 3 章 立体的投影及表面交线 ………………………………………… (52)
  3.1 基本体的投影 ……………………………………………………… (52)
  3.2 截交线 ……………………………………………………………… (59)
  3.3 两回转体的表面交线——相贯线 ………………………………… (69)
  本章小结 ………………………………………………………………… (76)
第 4 章 组合体的投影分析 ……………………………………………… (77)
  4.1 组合体的组合形式及表面连接关系 ……………………………… (77)
  4.2 组合体三视图的画法 ……………………………………………… (80)
  4.3 组合体的尺寸标注 ………………………………………………… (83)
  4.4 读组合体视图 ……………………………………………………… (88)
  本章小结 ………………………………………………………………… (97)
第 5 章 轴测图 …………………………………………………………… (98)
  5.1 轴测图的基本知识 ………………………………………………… (98)
  5.2 正等轴测图 ………………………………………………………… (100)
  5.3 斜二等轴测图 ……………………………………………………… (107)
  本章小结 ………………………………………………………………… (109)

第 6 章　机件常用的表达方法 （110）
　　6.1　视　图 （110）
　　6.2　剖视图 （113）
　　6.3　断面图 （126）
　　6.4　其他表达方法 （130）
　　6.5　表达方法综合应用举例 （135）
　　6.6　第三角画法简介 （137）
　　本章小结 （140）

第 7 章　标准件与常用件 （141）
　　7.1　螺纹和螺纹紧固件 （141）
　　7.2　键连接和销连接 （155）
　　7.3　齿　轮 （159）
　　7.4　滚动轴承 （165）
　　7.5　弹　簧 （168）
　　本章小结 （170）

第 8 章　零件图 （171）
　　8.1　零件图的内容 （171）
　　8.2　零件的视图选择 （172）
　　8.3　零件上常见的工艺结构 （175）
　　8.4　零件图的尺寸标注 （179）
　　8.5　零件图上的技术要求 （186）
　　8.6　读零件图 （200）
　　8.7　零件测绘 （202）
　　本章小结 （209）

第 9 章　装配图 （210）
　　9.1　装配图的作用和内容 （210）
　　9.2　装配图的表达方法 （212）
　　9.3　装配图的尺寸标注、技术要求 （213）
　　9.4　装配图的零件序号及明细栏 （214）
　　9.5　装配结构的合理性 （215）
　　9.6　装配体测绘和装配图画法 （218）
　　9.7　读装配图和拆画零件图 （224）
　　本章小结 （229）

参考文献 （230）

绪 论

一、本课程的研究对象和性质

在进行生产建设和科学研究时，人们对已有的或想象中的空间体（如建筑物、机器等）的形状、大小、位置，很难用语言和文字表达清楚，因而需要在平面上（如图纸上）用图形表达出来。这种在平面上表达物体的图，就是工程图样，简称图样。在现代化的工业生产中，设计者通过图样表达设计思想；生产者根据图样了解设计要求、检验产品质量、组织生产；使用者通过图样了解产品的结构和功能，进行使用、维修和保养。因此，图样是表达设计意图、交流技术思想和指导生产的重要工具，是生产中必不可少的重要文件，常被称为"工程界技术交流的语言"。作为一名工程技术人员，就必须掌握阅读和绘制图样的基本知识和技能。

机械制图就是研究如何运用正投影的基本原理，阅读和绘制机械工程图样的课程。本课程是高等职业院校机械类和近机类专业的一门重要的、必修的专业技术基础课。

二、本课程的目的、任务和内容

学习本课程的主要目的是培养学生阅读和绘制机械图样的基本能力和空间想象能力，为后续课程的学习打下坚实的基础。

本课程的主要任务如下：

(1) 培养运用正投影法，用二维平面图形表达三维空间形体的能力。

(2) 培养图解空间几何问题的初步能力。

(3) 培养阅读和绘制机械图样的能力。

(4) 培养工程意识和执行国家标准的意识。

(5) 培养认真负责的工作态度和严谨细致的工作作风。

本课程的基本内容如下：

本课程包括画法几何、制图基础、机械图三个部分。

画法几何部分讲解用正投影法表达空间几何形体和图解简单空间几何问题的基本原理和方法。

制图基础部分讲解制图的基础知识和基本规定，培养绘图的基本技能、阅读和绘制投影图的基本能力以及尺寸标注的基本方法。

机械图部分讲解阅读和绘制常见机器或部件的零件图和装配图的方法，并以培养读图能力为重点。

三、本课程的学习方法

虽然本课程与初等几何学有一定的联系,但在空间想象与动手能力相结合方面和其他基础课有很大不同,因此必须做到以下几点:

(1) 重视基本理论,掌握投影法的特性,注意视图投影规律的对应关系,这对学好本课程具有决定意义。

(2) 练好基本功是学好本课程的关键,由物到图,由图想物,反复训练,边看边想边画,眼到心到手到,力求达到手随心欲、心随手至之境界。

(3) 认真听课,及时复习,按教学进度独立完成一定数量的练习和作业,以巩固学习成果。

(4) 严格遵守《技术制图》和《机械制图》国家标准中的有关规定,并学会查阅资料和有关标准。

(5) 自觉培养自学能力、创新能力,以及分析问题和解决问题的能力。

第1章 制图的基本知识和技能

【本章导读】
　　工程图样是表达设计意图、指导生产和进行技术交流的重要技术文件,是"工程界技术交流的语言"。国家标准统一规定了生产和设计部门必须共同遵守的制图基本法规。国家标准(简称国标),用 GB 或 GB/T(GB 为强制性国家标准,GB/T 为推荐性国家标准)表示。本章主要介绍国标有关制图的基本规定、绘图工具的使用、几何作图和平面图形尺寸分析等有关的制图基本知识。

【学习目标】
　　掌握国标规定的图纸幅面及格式、比例、图线、字体、尺寸标注的各项规定。
　　掌握常用的基本作图方法和圆弧连接作图方法,平面图形的尺寸分析、线段分析和尺寸标注方法。
　　掌握常用绘图工具的正确使用方法。
　　了解仪器绘图和徒手绘图的作图方法和步骤。

1.1　国家标准《技术制图》和《机械制图》的基本规定

　　为了适应现代化生产和管理的需要、便于技术交流,使制图规格和方法统一,我国制定发布了一系列关于制图的国家标准。本节我们主要学习图幅格式、比例、字体、图线、尺寸注法等一般规定,其他有关标准在以后相关章节中介绍。

1.1.1　图纸幅面及格式(GB/T 14689—2008)

1.1.1.1　图纸幅面

　　为便于使用和保管图纸,图样应绘制在一定幅面和格式的图纸上。图纸基本幅面有 5 种,分别用幅面代号 A0、A1、A2、A3、A4 表示。A0 幅面面积为 1 m²,长短边之比为 $\sqrt{2}$。A1 幅面为 A0 幅面的一半(以长边对折裁开),A2～A4 依次类推。
　　图纸幅面分为基本幅面和加长幅面两种,在绘制技术图样时,应优先采用表 1-1 所规定的基本幅面。必要时,可以按规定加长幅面,但加长后的幅面尺寸是基本幅面的短边整数倍增加后而形成的。如图 1-1 所示,图中粗实线表示为基本幅面,细实线和虚线所示为加长幅面。

表 1-1　图纸幅面尺寸　　　　　　　　　（单位：mm）

幅面代号	A0	A1	A2	A3	A4
$B \times L$	841×1 189	594×841	420×594	297×420	210×297
e	20	20		10	10
c	10	10	10	5	5
a	25				

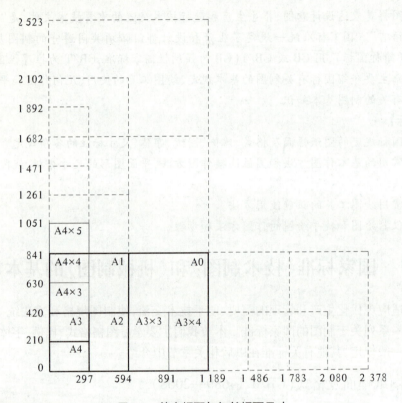

图 1-1　基本幅面与加长幅面尺寸

1.1.1.2　图框格式

图纸上限定绘图区域的线框称为图框。图框在图纸上必须用粗实线画出，其格式分有留装订边和不留装订边两种，同一产品的图样只能采用一种格式。留装订边：装订边宽度为 a，其余留边宽度为 c，如图 1-2 所示；不留装订边：各边宽度均为 e，如图 1-3 所示。其尺寸见表 1-1。

1.1.1.3　标题栏（GB/T 10609.1—2008）

为使图样便于管理和查阅，每张技术图样中必须画出标题栏。标题栏的位置一般位于图纸的右下角，如图 1-2、图 1-3 所示，看图的方向一般应与标题栏中文字方向一致。为了使用预先印好边框的图纸，明确绘图和看图的图纸方向，当看图方向与标题栏中文字的方向不一致时，应在图纸的下边对中符号处画出一个方向符号，如图 1-4（a）所示。方向符号是用细实线绘制的等边三角形，其大小和所处的位置如图 1-4（b）所示。

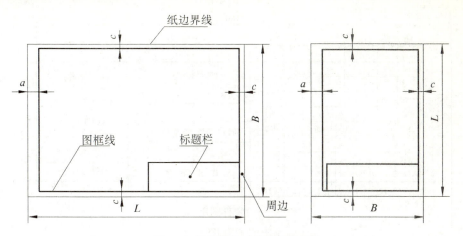

图1-2 留有装订边的图框格式

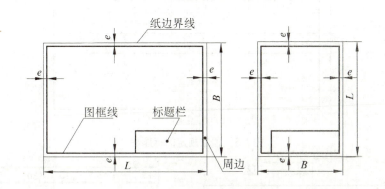

图1-3 不留装订边的图框格式

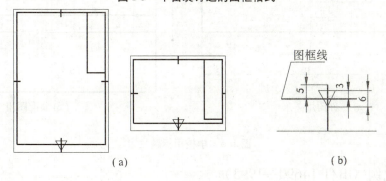

(a)　　　　　　　　　　(b)

图1-4 对中符号和方向符号

国家标准 GB/T 10609.1—2008、GB/T 10609.2—2009 分别对标题栏和明细栏的格式作了统一规定,在生产设计中要严格遵守这种规定,如图1-5所示;教学中为了简便起见,建议采用简化的标题栏格式如图1-6所示。

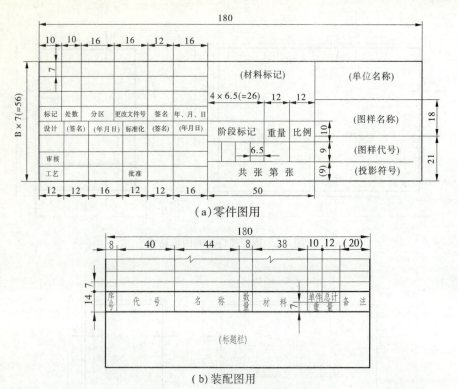

图 1-5 国家规定的标题栏

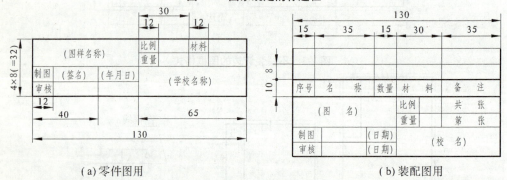

图 1-6 学校用标题栏

1.1.2 比例（GB/T 14690—1993）

比例是指图中图形与其实物相应要素的线性尺寸之比。比例符号用":"表示,如 1:1、1:2、2:1 等,比例按其比值的大小分为:

(1) 放大比例,比值大于 1 的比例,如 2:1、4:1 等。

(2) 缩小比例,比值小于 1 的比例,如 1:2、1:4 等。

(3) 原值比例,比值等于 1 的比例,即 1:1。

绘制图样时,一般情况下为了方便作图和识图应尽量采用 1:1 的比例绘图,当形体不宜采用 1:1 绘制图样时,也可用缩小或放大的比例画图。但必须选取适当的比例,从

表1-2规定的系列中选取,优先选择第一系列,必要时允许选择第二系列。

表1-2 比例系列

种类	第一系列			第二系列				
原值比例	1:1							
放大比例	2:1 $2\times10^n:1$	5:1 $5\times10^n:1$	10:1 $1\times10^n:1$	2.5:1 $2.5\times10^n:1$		4:1 $4\times10^n:1$		
缩小比例	1:2 $1:2\times10^n$	1:5 $1:5\times10^n$	1:10 $1:1\times10^n$	1:1.5 $1:1.5\times10^n$	1:2.5 $1:2.5\times10^n$	1:3 $1:3\times10^n$	1:4 $1:4\times10^n$	1:6 $1:6\times10^n$

注:n 为正整数。

需要注意的是,不论是放大或缩小,标注尺寸时都必须标注形体的真实尺寸。

绘制同一机件的各个图形原则上应采用相同的比例,填在标题栏中。必要时个别图形可采用不同比例,但此时要在图形的正上方标注出所用比例。

1.1.3 字体(GB/T 14691—1993)

在图样中除表示物体形状的图形外,还必须用文字、数字和字母表示物体的大小及技术要求等内容,国家标准对字体的大小和结构有统一的规定。

1.1.3.1 汉字

(1)汉字的基本要求。图样中书写汉字、数字和字母必须做到:字体工整、笔画清楚、间隔均匀、排列整齐。

①字体高度(用 h 表示)的公称尺寸(mm)系列共有8种:20、14、10、7、5、3.5、2.5、1.8。

②应写成长仿宋体,并采用国家正式公布的简化字。汉字的高度应不小于3.5 mm,其宽度一般为 $h/\sqrt{2}$。

(2)常用字号的推荐使用范围。

3.5号:指数、偏差、注脚等。

5号:尺寸数字、比例数字、字母等。

7号:剖面代号、文字说明、标题栏中文字等。

10号:标题栏中图名。

(3)字体示例如下所述。

7号字:

横平竖直注意起落结构均匀填满方格

10号字:

字体工整 笔画清楚 间隔均匀 排列整齐

1.1.3.2 字母与数字

(1)字母和数字的基本要求。

①其格式分为 A 型和 B 型。A 型字体的笔画宽度(d)为字体高度(h)的 1/14；B 型字体的笔画宽度(d)为字体高度(h)的 1/10。

②字母和数字可写成直体或者斜体。斜体字字头向右倾斜，与水平基准线成 75°。

（2）字母和数字示例。

①拉丁字母示例（B 型字母斜体）：

②阿拉伯数字示例（B 型斜体）：

0123456789

③罗马数字示例（A 型斜体）：

ⅠⅡⅢⅣⅤⅥⅦⅧⅨⅩ

1.1.3.3 字体的综合运用

（1）用作指数。极限偏差等的数字及字母，一般应采用小一号的字体，示例如下：

$10^3 \quad S^{-1} \quad D_1 \quad T_d \quad \phi 20^{+0.010}_{-0.023} \quad 7^{\circ+1'}_{-2'} \quad \frac{3}{5}$

（2）图样中的数字符号、计量单位符号及其他符号、代号，应分别符合国家有关法令和规定。具体示例如下：

$R3 \quad 2\times 45° \quad M24\text{-}6H \quad \phi 60H7 \quad \phi 30g6$

$\phi 20^{+0.021}_{0} \quad \phi 25^{-0.007}_{-0.020} \quad Q235 \quad HT200$

$l/mm \quad m/kg \quad 460\ r/min \quad 220\ V \quad 380\ kPa$

（3）一些特殊的标注示例如下：

$10Js5(\pm 0.003)$　　$M24-6h$　　$R8$　　5%

$\phi 25\dfrac{H6}{m5}$　　$\dfrac{\text{II}}{2:1}$　　$6.3/$　　3.50

1.1.4 图线(GB/T 4457.4—2002)

国家标准《机械制图 图样画法 图线》(GB/T 4457.4—2002)中,规定了图线的基本线型,制图时应遵循国家标准的有关画法。

1.1.4.1 基本线型

绘制机械图样常采用的线型、线宽及主要用途等见表1-3。

表1-3 图线

序号	线型	名称	一般应用
1	————	细实线	过渡线、尺寸线、尺寸界线、剖面线、指引线、螺纹牙底线、辅助线等
2	～～～	波浪线	断裂处边界线、视图与剖视图的分界线
3	─/\─	双折线	断裂处边界线、视图与剖视图的分界线
4	━━━━	粗实线	可见轮廓线、相贯线、螺纹牙顶线等
5	- - - -	细虚线	不可见轮廓线
6	▬ ▬ ▬	粗虚线	表面处理的表示线
7	—·—·—	细点画线	轴线、对称中心线、分度圆(线)、孔系分布的中心线、剖切线等
8	━·━·━	粗点画线	限定范围表示线
9	—··—··—	细双点画线	相邻辅助零件的轮廓线、可移动零件的轮廓线、成形前轮廓线等

机械图样中,图线宽度分为粗细两种,粗线的宽度应按图样的大小和复杂程度在 0.5~2 mm 选取,细线的宽度为粗线的 1/2。所有线型的图线宽度 d 的推荐系列为: 0.13 mm、0.18 mm、0.25 mm、0.5 mm、0.7 mm、1.0 mm、1.4 mm、2.0 mm,粗线宽度优先采用 0.5 mm、0.7 mm。图线应用实例如图 1-7 所示。

1.1.4.2 图线的画法

图线的画法示例如图 1-8 所示,绘图时应注意以下几点:

(1)同一幅图纸中,同类线型的线宽应一致 ,虚线、点画线、双点画线的线段长度和间隔应各自大致相等。

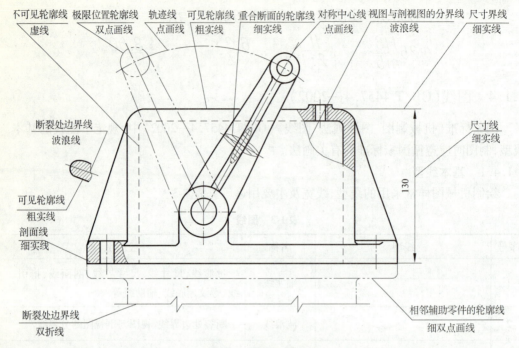

图 1-7　图线应用示例

(2) 两平行线之间的最小间隔不得小于 0.7 mm。
(3) 点画线、双点画线、虚线相交时,都应以线相交,而不应是点或间隔。
(4) 当虚线为粗实线的延长线时,粗实线应画到分界点,留空隙后再画虚线。
(5) 虚线圆弧与实线相切时,虚线圆弧应留出空隙。
(6) 点画线(轴线、中心线、对称线)一般超出轮廓线为 2~3 mm 或 3~5 mm。
(7) 在绘制较小的图形时,如绘制点画线或双点画线有困难,则可用细实线代替。
(8) 任何图线不得穿过文字、数字、字母及符号,当不可避免时要将图线断开。

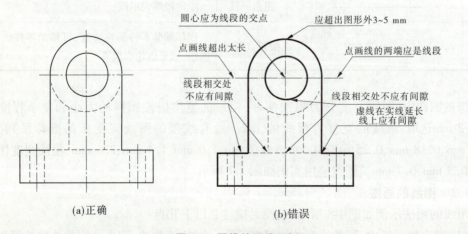

图 1-8　图线的画法示例

1.1.5 尺寸的注法(GB/T 4458.4—2003)

图样中的图形只能表达机件的形状,而机件的大小则必须通过标注尺寸来表示。标注尺寸是制图中一项极为重要的工作,必须认真细致,以免给生产带来不必要的困难和损失;标注尺寸时必须按照国家规定标注。

尺寸标注的要求:完整、清晰、准确。

1.1.5.1 尺寸标注的基本规则

(1)机件的真实大小应以图样所注的尺寸数值为依据,与图形的大小、所使用的比例及绘图的准确程度无关。

(2)图样中(包括技术要求和其他说明)的尺寸,以 mm 为单位时,不需标注计量单位的代号或名称,若采用其他单位,则必须注明相应的计量单位的代号或名称。

(3)图样中所标注的尺寸为该图样所示机件的最后完工尺寸,否则应另加说明。

(4)机件的每一尺寸一般只标注一次,并应标注在反映该结构最清晰的图形上。

1.1.5.2 尺寸的组成

一个完整的尺寸应由尺寸界线、尺寸线(含尺寸的终端)及尺寸数字和符号等组成,如图 1-9 所示。

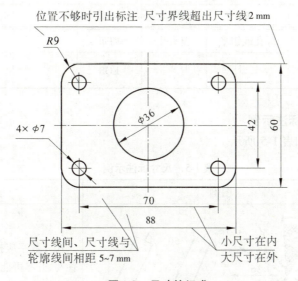

图 1-9 尺寸的组成

(1)尺寸界线。尺寸界线表明所注尺寸的范围,用细实线绘制,并应自图形的轮廓线、轴线或者对称中心线处引出,轮廓线、轴线、对称中心线也可作尺寸界线。

(2)尺寸线。尺寸线用细实线单独绘制,不能用其他图线代替,一般也不得与其他图线重合或画在其延长线上。

尺寸线的终端有箭头和斜线两种形式,表示尺寸的起止位置。箭头:尖端与尺寸界线接触,在同一图样中箭头大小要一致,如图 1-10(a)所示。短斜线:细实线,与尺寸线成顺时针 45°,如图 1-10(b)所示(注:对直径和半径不使用此方式)。在同一张图样上只能采用同一种尺寸终端符号,且要保持大小一致。

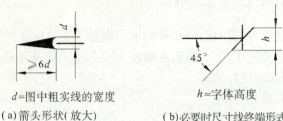

d=图中粗实线的宽度　　　　　　h=字体高度
(a)箭头形状(放大)　　　　(b)必要时尺寸线终端形式也可用斜线

图 1-10　尺寸线的终端

尺寸线与尺寸界线不可相交,故应小尺寸在内、大尺寸在外;尺寸线应尽可能拉到图形外面;尺寸界线应超出尺寸线约 2.5 mm,如图 1-9 所示。

(3)尺寸数字和符号。线性尺寸的数字一般应注写在尺寸线的上方或左方,也允许注在尺寸线的中断处,国标中还规定了一组表示特定含义的符号,作为对数字标注的补充说明,如表 1-4 所示。

表 1-4　标注尺寸的符号(GB/T 4458.4—2003)

名称	直径	半径	球直径	球半径	厚度	正方形	45°倒角
符号或缩写词	ϕ	R	$S\phi$	SR	t	□	C
名称	深度	沉孔或锪平	埋头孔	均布	弧长	斜度	锥度
符号或缩写词	↓	⌴	∨	EQS	⌒	∠	⊲

1.1.5.3　常见尺寸标注示例

常见尺寸标注如表 1-5 所示。

表 1-5　尺寸标注示例

标注内容	图例	说明
线性尺寸的数字方向		尺寸数字应按左图所示的方向注写,并尽可能避免在图示 30°范围内标注尺寸,当无法避免时,可按图例中右边二图的形式标注
角度		尺寸界线应沿径向线引出,尺寸线画成圆弧,圆心是角的顶点。尺寸数字一律水平书写,一般应注在尺寸线的中断处,必要时也可按右图的形式标注

续表1-5

标注内容	图例	说明
圆及圆弧	(图例)	直径、半径的尺寸数字前应分别加符号"ϕ""R"。通常对小于或等于半圆的圆弧注半径,大于半圆的圆弧或以同心圆画出的几段不连续圆弧则注直径。尺寸线应按图例绘制
大圆弧	(图例)	大圆弧无法标出圆心位置时,可按此图例标注
小尺寸	(图例)	没有足够位置画箭头时,箭头可画在尺寸界线的外侧,或用小圆点代替两个箭头;尺寸数字也可写在外侧或引出标注,圆和圆弧的小尺寸可按图例标注
球面	(图例)	标注球面的尺寸,如左侧两图所示,应在ϕ或R前加注符号"S"。对于螺钉、铆钉头部、轴和手柄的端部等,在不致引起误解的情况下,可省略符号"S"
弦长和弧长	(图例)	标注弦长和弧长时,尺寸界线应平行于弦的垂直平分线,标注弧长尺寸时,尺寸线用圆弧,并应在尺寸数字前加注符号"⌒"

续表 1-5

标注内容	图例	说明
对称机件只画出一半或大于一半时	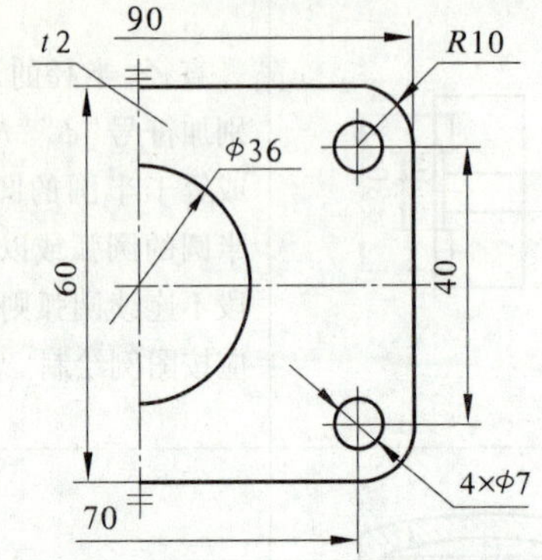	尺寸线应略超过对称中心线或断裂处的边线,仅在尺寸线的一端画出箭头。图中在对称中心线两端分别画出两条与其垂直的平行细实线是对称符号
板状零件		标注板状零件的尺寸时,可在厚度的尺寸数字前加注符号"t"
光滑过渡处的尺寸	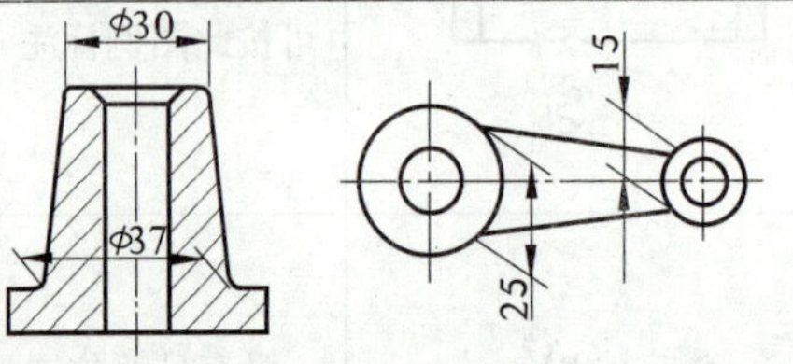	在光滑过渡处,应用细实线将轮廓线延长,并从它们的交点引出尺寸界线。尺寸界线一般应与尺寸线垂直,为了使图形清楚,必要时允许尺寸界线与尺寸线倾斜
斜度和锥度	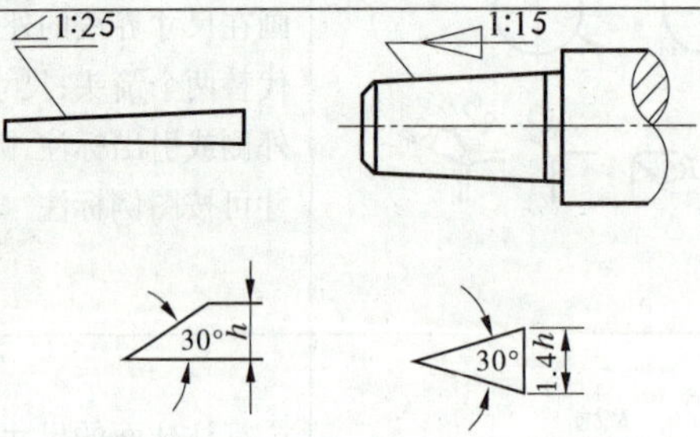	斜度和锥度分别用"∠"和"◁"表示,图形中符号的方向应与斜度、锥度的方向一致
正方形结构	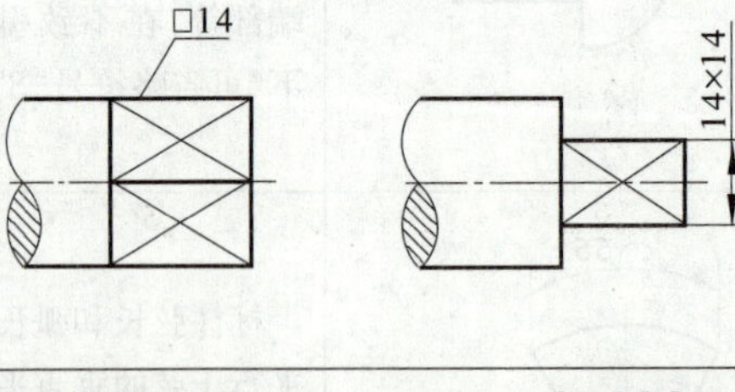	标注断面为正方形机件的尺寸时,可在边长尺寸数字前加注符号"□",或用 14×14 代替□14。图中相交的两条细实线是平面符号(当图形不能充分表达平面时,可用这个符号表达平面)
均布孔	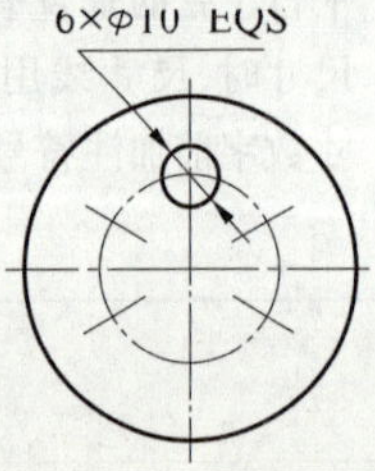 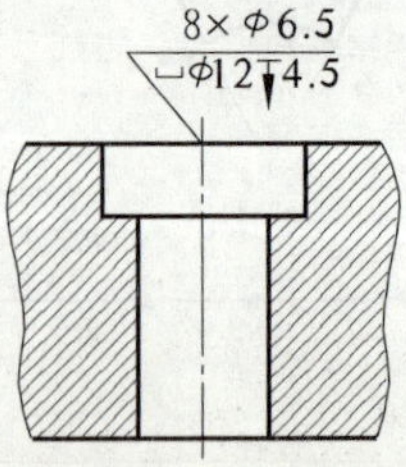	均匀分布的孔加注 EQS

1.2 常用绘图工具和仪器的使用

正确地使用绘图工具,既能保证绘图的质量,又能提高绘图速度和延长绘图工具使用寿命。本节简单介绍了常用绘图工具及其使用方法。

1.2.1 铅笔

(1)铅笔型号的选用。铅笔是画线用的工具,其铅芯的软硬是不同的,一般用字母 H、B 和前面加数字来表示。标号"HB"表示软硬适中,字母 H 前数字越大铅芯越硬,字母 B 前数字越大铅芯越软。画图时,常用 H 或 2H 铅笔画底稿线;用 B 或 2B 铅笔加粗和加深图线;用 HB 铅笔写字和标注尺寸。

(2)笔尖的磨削。铅笔可根据用途不同,修磨成圆锥形或棱柱形,如图 1-11 所示。修磨铅笔时,应从没有标号的一端开始,以便识别铅芯的软硬标记;笔尖长一般为 6~8 mm,过长易折断。要注意画粗线和画细线的笔尖形状的区别,圆锥形用于画底稿线、细线、写字;棱柱形用于画加粗线。画圆的铅芯应比画直线的铅芯软一号。画线时用力要均匀。

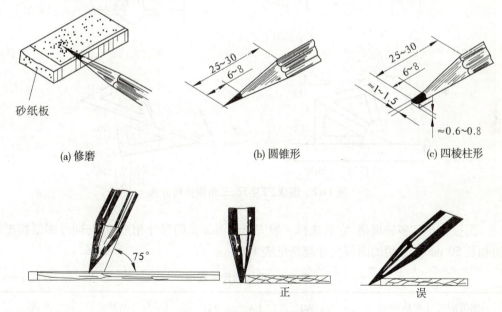

图 1-11 铅笔的磨削及使用

1.2.2 图板、丁字尺和三角板

1.2.2.1 图板

图板是用来铺放和固定图纸的。板面要求平整光滑,图板四周一般都镶有硬木边框,图板的左右边是工作边,称为导边,需要保持其平直光滑。使用时,要防止图板受潮、受

热。图纸要铺放在图板的左下部,用胶带纸粘住四角,并使图纸下方至少留有一个丁字尺宽度的空间,见图1-12(a)。

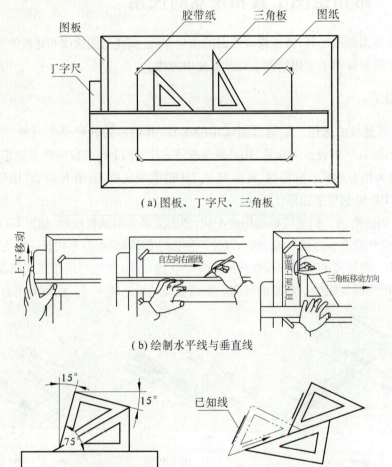

图 1-12 图板、丁字尺、三角板使用方法

图板大小有多种规格,它的选择一般应与绘图纸张的尺寸相适应,与同号图纸相比每边加长 50 mm。常用的图板尺寸规格见表1-6。

表 1-6 图板的尺寸规格　　　　　　　　　　　　　　（单位:mm）

图板的尺寸规格代号	A0	A1	A2	A3
图板的尺寸(宽×长)	920×1 220	610×920	460×610	305×406

1.2.2.2　丁字尺

丁字尺由互相垂直并连接牢固的尺头和尺身两部分组成,尺身沿长度方向带有刻度的侧边为工作边。丁字尺常与图板配合使用,主要用于绘制水平线;与三角板配合,可用来绘制垂直线以及各种15°倍数角的斜线。绘图时,要使尺头紧靠图板左边,并沿其上下滑动到需要画线的位置,然后用左手压紧尺身,同时使笔尖紧靠尺身,笔杆略向右倾斜,即可从左向右匀速画出水平线,如图1-12(b)所示。需要注意的是,尺头不能紧靠图板的其他边缘滑动而画线;丁字尺不用时应悬挂起来(尺身末端有小圆孔),以免尺身翘起变形。

1.2.2.3 三角板

三角板由45°和30°(60°)各一块组成一副,规格用长度 L 表示,常用的大三角板有20 cm、25 cm、30 cm。它主要用于配合丁字尺使用来画垂直线与倾斜线。画垂直线时,应使丁字尺尺头紧靠图板工作边,三角板一边紧靠住丁字尺的尺身,然后用左手按住丁字尺和三角板,且应靠在三角板的左边自下而上画线。画30°、45°、60°倾斜线时均需丁字尺与一块三角板配合使用,当画其他15°整数倍角的各种倾斜线时,需丁字尺和两块三角板配合使用画出。具体示例如图1-12(c)所示。

1.2.3 圆规与分规

1.2.3.1 圆规

圆规主要是用来画圆及圆弧的。一般较完整的圆规应附有铅芯插腿、钢针插腿、直线笔插腿和延伸杆等。在画图时,应使用钢针具有台阶的一端,并将其固定在圆心上,这样可不使圆心扩大,还应使铅芯尖与针尖大致等长。在一般情况下画圆或圆弧时,应使圆规按顺时针转动,并稍向前方倾斜,如图1-13(a)所示。在画较大圆或圆弧时,应使圆规的两条腿都垂直于纸面,如图1-13(b)所示。在画大圆时,还应接上延伸杆,如图1-13(d)所示。

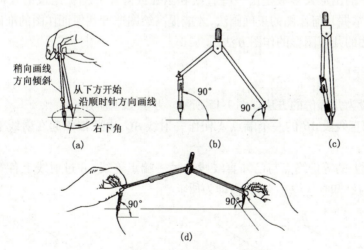

图 1-13 圆规的使用方法

1.2.3.2 分规

分规主要是用来量取线段长度和等分线段的。其形状与圆规相似,但两腿都是钢针。为了能准确地量取尺寸,分规的两针尖应保持尖锐,使用时,两针尖应调整到平齐,即当分规两腿合拢后,两针尖必聚于一点,如图1-14(a)所示。

等分线段时,通常用试分法,逐渐地使分规两针尖调到所需距离。然后在图纸上使两针尖沿要等分的线段依次摆动前进,如图 1-14(b)所示。

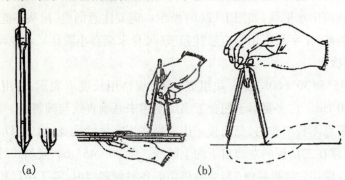

图 1-14　分规的用法

1.2.4　其他绘图用品

为提高绘图效率,可以使用各种功能的绘图模板直接描绘图形。如六角螺栓模板、小圆模板、椭圆模板、形位公差模板、螺母板、电工模板等。

除以上介绍的绘图工具和用品外,橡皮、擦图片(保护有用的线条不被擦去的多孔薄板)、小刀、胶带纸(透明胶布)、图纸等也是必不可少的绘图用品。

1.3　几何作图

机械图样中的图形大多数是由一些直线和圆弧或圆弧和圆弧组成的几何图形构成的。因此,熟练掌握几何作图的正确画法,才能提高绘图速度并保证作图的准确性。本节将介绍一些常用的几何图形的作图方法。

1.3.1　等分线段

分割一线段为几等份的方法如图 1-15 所示。步骤如下所述:

(1)过已知直线段 AB 的一个端点 A 任作一射线 AC,由此端点起在射线上以任意长度截取几等份。

(2)将射线上的等份终点与已知直线段的另一端点连线,并过射线上各等份点作此连线的平行线与已知直线段相交,交点即为所求。

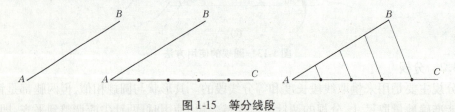

图 1-15　等分线段

1.3.2 等分圆周和作正多边形

表 1-7 列举出了常用的正三角形、正六边形及正五边形的作图方法。

表 1-7 等分圆和正多边形的画法

类别	作图	方法和步骤
三等分圆周和作正三角形		用 30°(60°)角三角板等分 将 30°(60°)角三角板的短直角边紧贴丁字尺,并使其斜边过点 A 作直线 AB；翻转三角板,以同样方法作直线 AC；联结 BC,即得正三角形
六等分圆周和作正六边形		方法(一):用圆规直接等分 以已知直径的两端点 A、D 为圆心,以已知圆半径 R 为半径画弧与圆周相交,即得等分点 B、F 和 C、E,依次连接各点,即得正六边形 方法(二):用 30°(60°)角三角板等分 将 30°(60°)角三角板的短直角边紧贴丁字尺,并使其斜边依次过点 A、D(直径的两端点),作直线 AF 和 DC；翻转三角板,以同样方法作直线 AB 和 DE；连接 BC 和 FE,即得正六边形
五等分圆周和作正五边形		(1)平分半径 OM 得点 O_1；以点 O_1 为圆心,O_1A 长为半径画弧,交 ON 于点 O_2 (2)以 AO_2 为弦长,自 A 点起在圆周上依次截取,得等分点 B、C、D、E,连接后即得正五边形

1.3.3 椭圆的画法

平面曲线有很多,常见的有圆、椭圆、渐开线等。在这里仅介绍一种绘制椭圆的方法——四心圆法。

作图步骤如下所述:

(1)画长、短轴 AB、CD。连接 AC,并取 $CE = OA - OC$,如图 1-16(a)所示。

(2)作 AE 的中垂线,与长、短轴分别交于 1、2 两点,作出与 1、2 两点对称的 3、4 点,并连接 12、23、34 和 41,如图 1-16(b)所示。

(3)分别以 1、3 为圆心,$1A$(或 $3B$)为半径画圆弧,再分别以 2、4 为圆心,以 $2C$(或 $4D$)为半径画圆弧,这四个圆弧两两相切,即得椭圆,切点在 12、23、34 和 41 四条直线上,如图 1-16(c)所示。

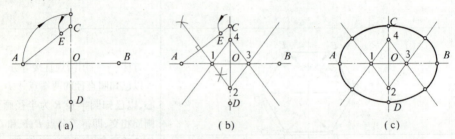

图 1-16　椭圆的四心圆法

1.3.4 斜度与锥度

1.3.4.1 斜度

斜度表示一直线或平面对另一直线或平面的倾斜程度。其大小以它们夹角的正切值来表示,并把比值化为 $1:n$ 的形式。图形中在比值前加斜度符号"∠",符号斜边的方向应与斜度的方向一致,如图 1-17 所示。

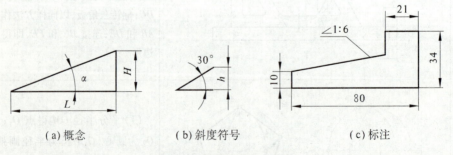

图 1-17　斜度的概念与标注

图 1-18 所示的是斜度为 1:6 的斜度线的作图方法。

1.3.4.2 锥度

锥度指正圆锥底圆直径与圆锥高度之比(对于锥台,则是底圆与顶圆的直径差和圆锥台的高度之比),即锥度 $= D/L = (D-d)/l$,并把比值化成 $1:n$ 的形式,在图形中标注时,其前加锥度符号"▷",如图 1-19 所示。图 1-20 所示的是锥度为 1:5 的作图方法。

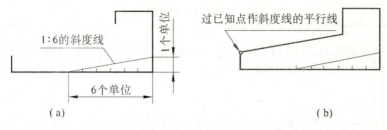

图 1-18 斜度的画法

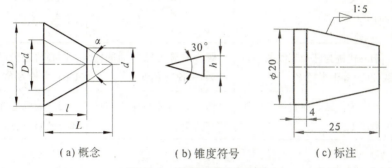

(a) 概念　　(b) 锥度符号　　(c) 标注

图 1-19 锥度的概念与标注

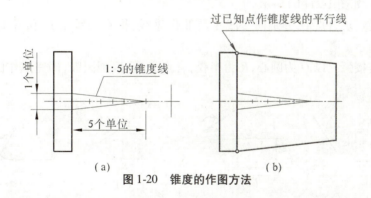

图 1-20 锥度的作图方法

1.3.5 圆弧连接

绘制平面图形时,经常需要用圆弧将两条直线、两个圆弧或直线与圆弧之间光滑地连接起来,这种连接作图称为圆弧连接。

常见圆弧连接的形式有两直线间的圆弧连接、两个圆弧间的连接和直线与圆弧间的连接。为能保证连接圆弧与被连接线段(已知线段)的光滑过渡,必须使连接圆弧与被连接线段在连接点处相切。因此,作圆弧连接的步骤就是:求圆心、找切点、光滑连接。圆弧连接的基本原理如表 1-8 所示。

1.3.5.1 两直线间的圆弧连接

如图 1-21(a)所示,用半径为 R 的圆弧连接两已知直线Ⅰ、Ⅱ。

作图步骤如下所述:

表1-8 圆弧连接的作图原理

作图要求	连接弧与已知直线相切	连接弧与已知圆外切	连接弧与已知圆内切
图例			
圆心轨迹	圆心轨迹为已知直线的平行线,间距等于半径R	圆心轨迹为已知圆的同心圆,半径为R_1+R	圆心轨迹为已知圆的同心圆,半径为R_1-R
切点位置	切点为由圆心向直线作垂线的垂足上	切点为两圆心连线与已知圆的交点上	切点为圆心连线的延长线与已知圆的交点上

(1)求圆心。分别作与已知直线Ⅰ、Ⅱ相距为R的平行线,其交点O即为连接弧(半径R)的圆心,如图1-21(b)所示。

(2)求切点。自点O分别向直线Ⅰ及Ⅱ作垂线,得到的垂足K_1和K_2即为切点,如图1-21(c)所示。

(3)画连接弧。以O为圆心,R为半径,自点K_1至K_2画圆弧,即完成作图,如图1-21(d)所示。

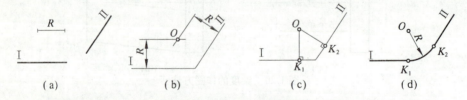

图1-21 两直线间的圆弧连接

1.3.5.2 直线与圆弧间的圆弧连接

用半径为R的圆弧连接已知直线Ⅰ和半径为R_1的圆弧,如图1-22(a)所示。

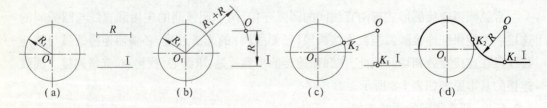

图1-22 直线与圆弧间的圆弧连接

作图步骤如下所述:

(1) 求圆心。作与已知直线Ⅰ相距为 R 的平行线，再以半径为 R_1 的已知圆弧的圆心 O_1 为圆心，以 R_1+R 为半径画弧，此弧与所作平行线的交点 O 即为连接圆弧的圆心，如图1-22(b)所示。

(2) 求切点。自点 O 向直线Ⅰ作垂线，得垂足 K_1；再作已知圆弧的圆心与连接圆弧的圆心的连心线 OO_1，与已知圆弧相交于点 K_2，则 K_1、K_2 即为两切点，如图1-22(c)所示。

(3) 画连接圆弧。以 O 为圆心、R 为半径，自点 K_1 至 K_2 画圆弧，即完成作图，如图1-22(d)所示。

1.3.5.3 两圆弧间的圆弧连接

用半径为 R 的圆弧连接两已知圆弧 R_1、R_2，连接圆弧与两已知圆弧都外切时，为外连接；连接圆弧与两已知圆弧都内切时，为内连接；连接圆弧与一个已知圆弧外切，与另一个已知圆弧内切时，为混合连接。具体作图步骤如图1-23所示。

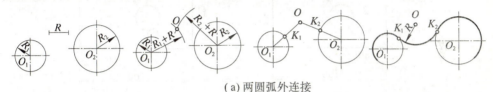

(a) 两圆弧外连接

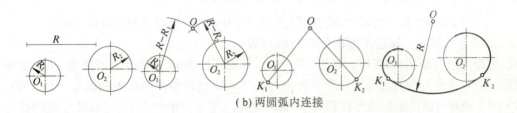

(b) 两圆弧内连接

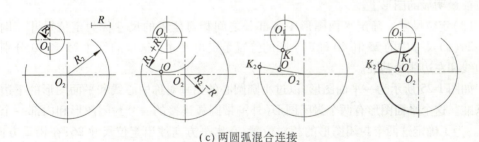

(c) 两圆弧混合连接

图1-23 两圆弧间的圆弧连接

1.4 平面图形的分析与画法

平面图形是由一些基本几何图形构成的，为了正确绘制平面图形，首先要对平面图形进行分析。一是分析平面图形的尺寸，二是分析平面图形的线段。

1.4.1 平面图形的尺寸分析

主要分析图中尺寸的基准和尺寸作用,以确定图中标注尺寸的数量及画图的先后顺序。

(1)尺寸基准。尺寸基准是标注尺寸的起点。在标注定位尺寸时,首先要选定尺寸基准。平面图形在水平方向和垂直方向上各有一个主要基准。尺寸基准常常选用对称图形的对称线、圆周或圆弧的中心线、主要轮廓线等。

当在某个方向上有多个尺寸基准时,应以一个为主要基准,其余的为辅助基准。如图 1-24 所示,基准的选择不同,尺寸的标注方法也不同。

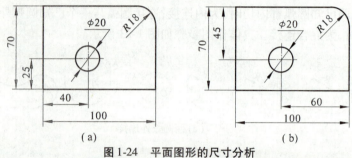

图 1-24 平面图形的尺寸分析

平面图形中所标注的尺寸,按其所起的作用,可分为定形尺寸和定位尺寸两类。

(2)定形尺寸。确定平面图形中线段或线框形状大小的尺寸称为定形尺寸。如长度、宽度、直径、半径、角度等。如图 1-24(a)所示的平面图形,有两个封闭图形,一个是中部小圆,一个是外面带圆角的矩形。图中的尺寸 $\phi 20$ 确定小圆的形状和大小,尺寸 100、70、R18 确定带圆角矩形的形状和大小,都是定形尺寸。一般情况下,定形尺寸应标在几何特征最明显的图形上。

(3)定位尺寸。确定平面图形中各部分之间相对位置的尺寸称为定位尺寸。例如图 1-24(a)尺寸中的 25 和 40 确定小圆的位置是定位尺寸。这里的尺寸 25 和 40 分别以下边线和左边线为基准。

如图 1-25 所示为一平面图形,以过小圆圆心的铅垂对称中心线和平面图形的下边线为基准。这个平面图形有两个封闭图形(外围带圆弧连接的一个封闭图形和内部一个小圆)。为了确定这两个封闭图形的相对位置,在水平方向注出定位尺寸 26;在铅垂方向,注出定位尺寸 23,其余尺寸都是定形尺寸。

1.4.2 平面图形的线段分析

平面图形中的线段通常由直线和圆弧组成,准确作图时必须依据图样中所标注的尺寸。每一独立的线段都应在已知定形尺寸和定位尺寸后,才能着手作图;但是在图形中有的线段的定位尺寸并不齐全,作图时需要通过已知尺寸以及与之相邻的线段的连接关系,用几何作图法方可画出。根据定位尺寸是否完整,图线可分为以下三类:

(1)已知线段。根据图形所注的尺寸,可以独立画出的圆、圆弧或直线。即定形尺寸、定位尺寸齐全的线段。如图 1-25 所示的平面图形中,圆 $\phi 8$,圆弧 R9 和 R12,直线 L_1

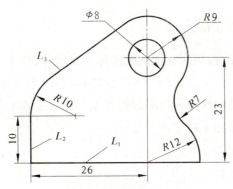

图1-25 平面图形的尺寸和线段分析

和 L_2 都是已知线段。

（2）中间线段。除图形中所注的尺寸外，还需要根据一个连接关系才能画出的圆弧或直线。即只有定形尺寸和一个定位尺寸的线段。如图 1-25 中的圆弧 $R10$ 是中间线段。

（3）连接线段。需要根据两个连接关系才能画出的圆弧或直线。即只有定形尺寸，没有定位尺寸的线段。如图 1-25 中的圆弧 $R7$ 和直线 L_3 是连接线段。

1.4.3 平面图形的绘图步骤

通过以上平面图形的尺寸分析和线段分析，可知在绘制平面图形时，首先应画基准线和已知线段，其次画中间线段，最后画连接线段。图 1-26 所示为图 1-25 中平面图形的画图步骤。

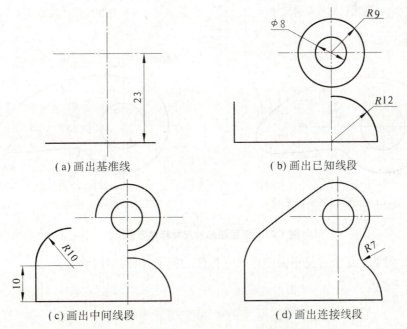

图1-26 平面图形的画图步骤

1.4.4 平面图形的尺寸标注

平面图形画完之后,应按国家标准的规定标注出尺寸,要求无重复、无遗漏,且正确、有序、清晰。在标注尺寸时,应分析图形各部分的构成,确定尺寸基准,先标注定形尺寸,再标注定位尺寸。通过几何作图可以确定的线段不要标注尺寸。

标注尺寸的一般步骤如下所述:

(1)分析图面,确定基准。

(2)标注所有定形尺寸。

(3)标注必要定位尺寸。

(4)检查、调整、删多补遗。

如图 1-27 所示为平面图形的尺寸注法示例。

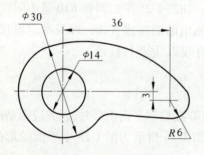

(a) 注出已知线段的尺寸

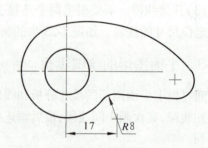

(b) 注出中间线段的尺寸

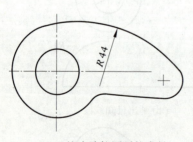

(c) 注出连接圆弧的半径

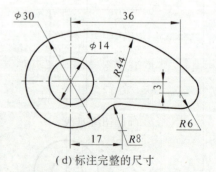

(d) 标注完整的尺寸

图 1-27　平面图形的尺寸标注示例

图 1-28 列举了几个常见平面图形尺寸标注的例子,供同学们参考。

第 1 章 制图的基本知识和技能

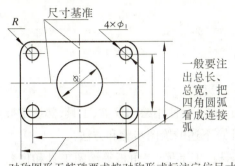
(a) 对称图形无特殊要求按对称形式标注定位尺寸

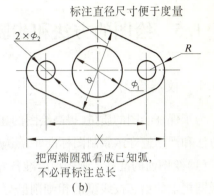
(b) 把两端圆弧看成已知弧,不必再标注总长

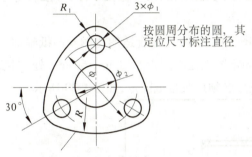
(c) 连接圆弧不注定位尺寸

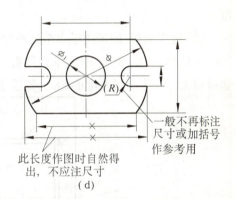
(d) 此长度作图时自然得出,不应注尺寸

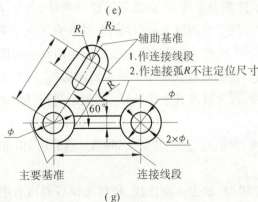
(e) R_1 应为已知圆弧,要标注定位尺寸

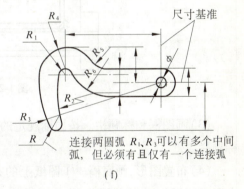
(f) 连接两圆弧 R_1、R_3 可以有多个中间弧,但必须有且仅有一个连接弧

(g) 主要基准 连接线段

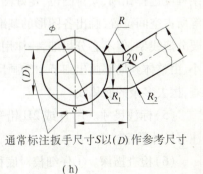
(h) 通常标注扳手尺寸 S 以 (D) 作参考尺寸

图 1-28 图形尺寸标注示例

1.5 绘图的方法和步骤

1.5.1 仪器绘图

为了保证绘图的质量,提高绘图的速度,除正确使用绘图仪器、工具,熟练掌握几何作图方法和严格遵守国家制图标准外,还应注意下述的绘图步骤和方法:

(1)绘图前的准备。画图前应准备好图板、丁字尺、三角板等绘图工具和仪器。将铅笔及圆规上的铅芯按线型的粗细削磨好,图板、丁字尺、三角板擦拭干净,并准备好绘图纸。

(2)确定图幅,固定图纸。根据所绘制图形的大小,选定合适的比例及图纸幅面。将图纸不易起毛的一面作正面,铺在图板上,固定图纸在距图板左边 40~60 mm 处,图纸下边留稍大于一丁字尺宽度的距离,校准摆正后必须用胶带纸固定,如图 1-29 所示。

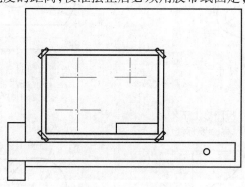

图 1-29 固定图纸

(3)画图框和标题栏。按国标规定的幅面、周边尺寸和位置,先用细实线画出图框和标题栏。

(4)布置图形,画底稿。①图纸上的布置要力求均匀,应根据图样的数量、大小及复杂程度选择比例,安排图位,定好图形的中心线。布图时要考虑尺寸标注和有关文字说明等所占空间位置,画出各图形的基准线。②用 H 或 2H 铅笔绘制底稿。绘制底稿时图线要分清线型,但不必分粗细,一律用细线画。作图时应先画图形的主要轮廓线,再由大到小、由整体到局部画出细节。③画尺寸界线、尺寸线及其他符号等。④最后进行仔细的检查,擦去多余的底稿线。

(5)标注尺寸。用 H 或 2H 铅笔将尺寸界线、尺寸线、箭头全部画好,然后用 HB 铅笔注写尺寸数字。

(6)检查描深。①仔细校对底稿,修正错误,擦去多余图线,校核无误后对所有图线用不同硬度的铅笔进行加深,加深顺序一般是:先曲后直,先粗后细,由上向下,由左至右。

②尽量将同类型的图线一起加深,以保证同类线型粗细一致。线型的加深顺序是:中心线、粗实线、虚线、细实线。

(7) 全面检查,填写标题栏。最后全面检查一次,修正漏误,做到全面符合制图规范,图面清晰整洁。确认无误后填写标题栏,完成全图。

1.5.2 徒手绘图的方法

用绘图仪器画出的图,称为仪器图;不用仪器,徒手作出的图称为草图。草图是技术人员交谈、记录、构思、创作的有力工具。技术人员必须熟练掌握徒手作图的技巧。

练习徒手绘图时,可先在方格纸上进行,尽量使图形中的直线与分格线重合,这样不但容易画好图线,并且便于控制图形的大小和图形间的相互关系。

(1) 画草图的要求。草图的"草"字只是指徒手作图而言,并没有允许潦草的含义。草图上的线条也要粗细分明,基本平直,方向正确,长短大致符合比例,线型符合国家标准。

(2) 草图的绘制方法。

①直线的画法。画直线时,眼睛要注意线段的终点,以保证直线画得平直,方向准确。对于具有 30°、45°、60°等特殊角度的斜线,可根据其近似正切值 3/5、1/1、5/3 作为直角三角形的斜边来画出,如图 1-30 所示。

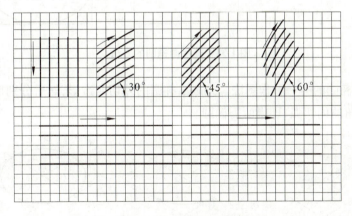

图 1-30 徒手画直线的方法

②圆及圆角的画法。画圆时,先定出圆心的位置,过圆心画出互相垂直的两条中心线,再在中心线上按半径大小目测定出四个点后,过这四个点画圆。对于直径较大的圆,可在 45°方向中心线上再目测四个点,分段逐步完成,如图 1-31 所示。画圆角时,先用目测在分角线上选取圆心位置,使它与角的两边距离等于圆角半径大小,过圆心向两边引垂直线,定出圆弧的起点和终点,并在分角线上也定出一圆周点,然后徒手作圆弧把这三点连接起来,如图 1-32 所示。

③椭圆的画法。如图 1-33 所示,先画出椭圆的长短轴,并用目测定出四个端点的位

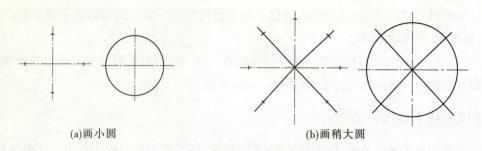

(a)画小圆　　　　　　　　(b)画稍大圆

图 1-31　徒手作圆的方法

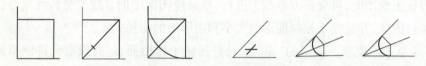

图 1-32　徒手画圆角的方法

置,过该四个点画一矩形,然后徒手画椭圆与之相切。画图时,应注意图形的对称性。

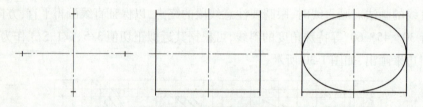

图 1-33　徒手画椭圆的方法

图 1-34 是椭圆的另一种作图法。先画出椭圆的外切四边形,然后分别用徒手方法作两钝角及两锐角的内切弧,即得所需椭圆。

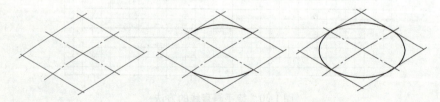

图 1-34　利用外切平行四边形画椭圆

(3)绘制平面图。徒手画平面图形时,其步骤与仪器绘图的步骤相同。不要急于画细部,先要考虑大局,即要注意图形的长与高的比例,以及图形的整体与细部的比例是否正确。要尽量做到直线平直、曲线光滑、尺寸完整。初学画草图时,最好画在方格(坐标)纸上,图形各部分之间的比例可借助方格数的比例来解决,熟练后可逐步离开方格纸而在空白的图纸上画出工整的草图,如图 1-35 所示。

第 1 章　制图的基本知识和技能　　　　　　　　　　　　　　　·31·

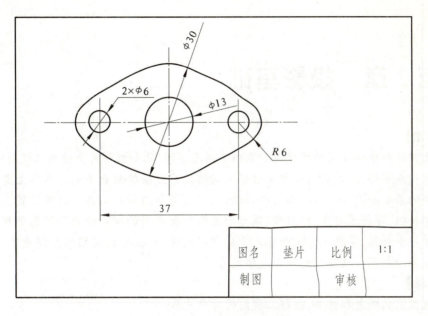

图 1-35　物体的平面草图

本章小结

　　本章介绍了制图国家标准的基本规定、几何作图、平面图形的分析与画法以及绘图工具和仪器的正确使用等制图的基本知识。要求学生重点掌握国家标准的有关规定及平面图形的画法。在学习时应注意培养良好的作图习惯，应严格遵守制图国家标准，为今后进一步学习打下基础。

第 2 章　投影基础

【本章导读】
在生产实际中所使用的图样因行业的不同而不同,比如机械行业使用机械图样,建筑行业使用建筑图样,而这些图样都是按照不同的投影方法绘制出来的。本章主要介绍有关投影法的基本知识和点、线、面的投影理论,同时将介绍和解读各种特殊位置直线和平面的投影特性,分析点与点、线与线、线与面及面与面之间的空间关系和投影规律。通过本章的学习和训练,掌握点、线、面各元素从空间到投影、投影到空间的转换关系,培养学生三面投影分析能力及空间想象与思维能力。

【学习目标】
掌握投影的概念和种类,理解三视图的对应关系。
掌握点、线、面的投影规律及各种特殊位置直线和平面的投影特性。
理解点、线、面之间的相对位置和投影关系。

2.1　正投影法与三视图

2.1.1　投影法的概念

在日常生活中,物体在光线的照射下,在地面或墙壁上产生影子。影子在某些方面反映出物体的形状特征,这就是常见的投影现象。人们根据生产活动的需要,把投影的自然现象加以抽象研究和科学总结,逐步形成了投影法。

所谓投影法,就是从投射中心发出一组投射线,通过物体向预定平面投射,在平面上得到图形的方法。预定平面 P 称为投影面,在 P 面上所得到的图形称为投影,如图 2-1 所示。

2.1.2　投影法分类

工程上常见的投影法分为两大类,即中心投影法和平行投影法。

2.1.2.1　中心投影法

投射线汇交于一点的投影法称为中心投影法。所得的投影,称为中心投影,如图 2-1 所示。由图可知,空间四边形 $ABCD$ 比其投影 $abcd$ 四边形小,所以中心投影法不能反映物体的真实形状和大小,因此在机械图样中很少使

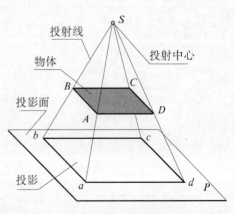

图 2-1　中心投影法

用。

2.1.2.2 平行投影法

投射线相互平行的投影方法称为平行投影法,如图 2-2 所示。在平行投影法中,根据投射线是否垂直于投影面,平行投影法又分为:

(1)斜投影法。投射线与投影面倾斜的平行投影法,如图 2-2(a)所示。

(2)正投影法。投射线垂直于投影面的平行投影法,如图 2-2(b)所示。

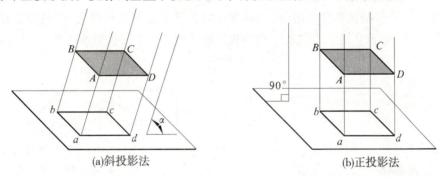

图 2-2　平行投影法

平行投影法其投影大小与物体和投影面之间的距离无关。而正投影法更能准确地表达物体的形状和大小,作图简便,因此,正投影图是机械工程中应用最广的一种图示法,也是在本课程中学习的主要内容。以后文中除特别指出外,所述及的投影均指正投影或正投影图。

2.1.3　正投影的特点

2.1.3.1　真实性

当直线或平面与投影面平行时,直线的投影为反映空间直线实长的直线段,平面投影为反映空间平面实形的图形,正投影这种特性称为真实性,如图 2-3 所示。

2.1.3.2　积聚性

当直线或平面与投影面垂直时,直线的投影积聚成一点,平面的投影积聚成一条直线,正投影的这种特性称为积聚性,如图 2-4 所示。

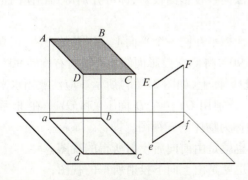

图 2-3　投影的真实性

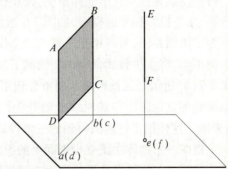

图 2-4　投影的积聚性

2.1.3.3 类似性

当直线或平面与投影面倾斜时,直线的投影为小于空间直线实长的直线段,平面的投影为小于空间实形的类似形,正投影的这种特性称为类似性,如图 2-5 所示。

2.1.4 三视图

2.1.4.1 三视图的形成

在图 2-6 中,分别从物体的前面、上面和左侧面三个方向进行投射,因而需要建立三个互相垂直的投影面。这三个互相垂直的投影面即构成一个三投影面体系。

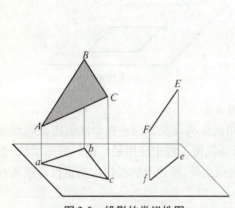

图 2-5 投影的类似性图

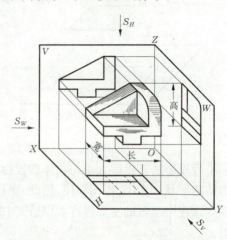

图 2-6 物体在三投影面体系中的投影

三个投影面分别为:

正立投影面,简称正面,用 V 表示;

水平投影面,简称水平面,用 H 表示;

侧立投影面,简称侧面,用 W 表示。

每两个投影面的交线称为投影轴,如 OX、OY、OZ,分别简称为 X 轴、Y 轴、Z 轴。三根投影轴相互垂直,其交点 O 称为原点。

将物体放置在三投影面体系中,按正投影法向各投影面投射,即可分别得到物体的正面投影、水平投影和侧面投影,如图 2-6 所示。

为了画图方便,需将相互垂直的三个投影面摊平在同一个平面上。展开的方法:正立投影面不动,将水平投影面绕 OX 轴向下旋转 90°,将侧立投影面绕 OZ 轴向右旋转 90°,如图 2-7(a)所示。三投影面分别重合到正立投影面上,如图 2-7(b)所示。应注意当水平投影面和侧立投影面旋转时,OY 轴分为两处,分别用 OY_H(在 H 面上)和 OY_W(在 W 面上)表示。这样用正投影法得到的三个投影图称为物体的三视图。即:

主视图——物体在正立投影面上的投影,也就是由前向后投射所得的视图;

俯视图——物体在水平投影面上的投影,也就是由上向下投射所得的视图;

左视图——物体在侧立投影面上的投影,也就是由左向右投射所得的视图。

以后画图时,不必画出投影面的范围,因为它的大小与视图无关。这样三视图则更加清晰,如图 2-8 所示。

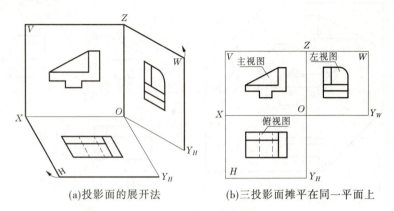

(a)投影面的展开法　　(b)三投影面摊平在同一平面上

图 2-7　三投影面的展开

2.1.4.2　三视图之间的对应关系

由图 2-7 可知,三个视图分别反映物体在三个不同方向上的形状和大小。若物体和投影面不动,三个视图相当于人站在不同的位置去看物体。

(1)视图配置关系。以主视图为准,俯视图在它的正下方,左视图在它的正右方。

(2)物体的长、宽、高在三视图上的对应关系从三视图的形成过程中可以看出:

主视图反映物体的长度(X)和高度(Z);

俯视图反映物体的长度(X)和宽度(Y);

左视图反映物体的高度(Z)和宽度(Y)。

由此可归纳出三视图间的"三等"关系(见图 2-8):

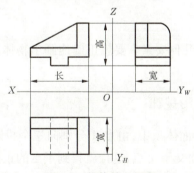

图 2-8　物体的三视图

主、俯视图——长对正;

主、左视图——高平齐;

俯、左视图——宽相等。

应当指出,无论是整个物体或物体的局部,其三面投影都必须符合"长对正,高平齐,宽相等"的"三等"规律。

(3)物体的六个方位在三视图中的对应关系。物体在三投影面体系内的位置确定后,它的前后、左右和上下的位置关系也就在三视图上明确地反映出来,如图 2-9 所示。

主视图——反映物体的上、下和左、右;

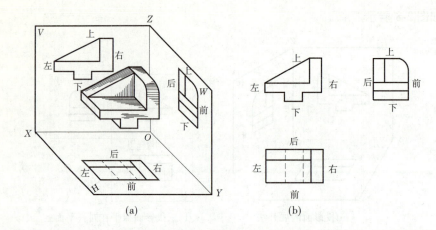

图 2-9 三视图中的物体的方位关系

俯视图——反映物体的左、右和前、后；
左视图——反映物体的上、下和前、后。
俯、左视图靠近主视图的一边(里边)，均表示物体的后面；远离主视图的一边(外边)，均表示物体的前面。
一般将三视图中任意两视图组合起来看，才能完全看清物体的上、下、左、右、前、后六个方位的相对位置。其中，物体的前后位置在左视图中最容易弄错。左视图中的左、右反映了物体的后面和前面，不要误认为是物体的左面和右面。

2.2 点的投影

点是组成形体最基本的几何要素。要想正确地画出物体的三视图，首先应掌握点的投影规律。

2.2.1 点的投影及其投影规律

把空间点 A 放入三投影面体系中，由点 A 分别向三个投影面作垂线，与 V 面交于 a' 点，与 H 面交于 a 点，与 W 面交于 a'' 点，这样就得到了点的正面投影 a'、水平投影 a 与侧面投影 a''，如图 2-10(a)所示。图中空间点用大写字母标记，如 A、B、C；点的正面投影用相应的小写字母加一撇标记，如 a'、b'、c'；点的水平投影用相应的小写字母标记，如 a、b、c；点的侧面投影用相应的小写字母加两撇标记，如 a''、b''、c''。

为了将三个投影面展开在同一平面上，规定 V 面保持不动，如图 2-10(a)所示，H 面绕 OX 轴向下旋转 90°，W 面绕 OZ 轴向后旋转 90°与 V 面展成同一平面，得到如图 2-10(b)所示的 A 点三面投影图。因投影面可看作是无限大的，所以实际画图时，不画投影面的边框，图 2-10(c)即为点的三面投影图。

通过点的三面投影图的形成过程，可总结出点在三投影面体系中的投影规律：
(1)点的正面投影与水平投影连线垂直于 OX 轴，即 $a'a \perp OX$ 轴；点的正面投影与侧

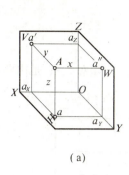 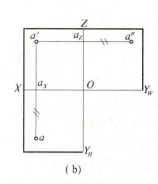 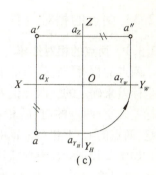

(a)   (b)   (c)

图 2-10　点的三面投影

面投影连线垂直于 OZ 轴,即 $a'a'' \perp OZ$ 轴。

(2)点的水平投影到 OX 轴的距离等于该点的侧面投影到 OZ 轴的距离,$aa_X = a''a_Z$。

2.2.2　点的投影与直角坐标的关系

若将三投影面体系看成空间直角坐标系,则投影面、投影轴和投影原点,即相应地成为坐标面、坐标轴和坐标原点,点到投影面的距离即等于相应的坐标值。如图 2-10(a)所示:

点到 W 面的距离(Oa_X)等于 X 坐标;

点到 V 面的距离(aa_X)等于 Y 坐标;

点到 H 面的距离($a'a_X$)离等于 Z 坐标。

点 A 坐标的规定书写形式为:$A(x,y,z)$。

【例 2-1】　已知点 $A(20,10,18)$,求作它的三面投影图。

作图步骤如下所述(图 2-11(b)):

(1)作投影轴。

(2)在 OX 轴上由 O 向左量取 20,得 a_X。

(3)过 a_X 作 OX 轴的垂线,并沿垂线向下量取 $a_X a = 10$,得 a;向上量取 $a_X a' = 18$,得 a'。

(4)根据 a、a',求出第三投影 a''。

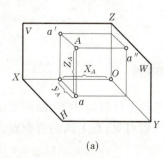 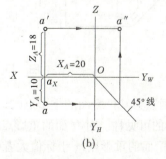

(a)   (b)

图 2-11　根据点的坐标求作点的三面投影图

2.2.3 两点的相对位置

2.2.3.1 两点的相对位置

两点的相对位置是指沿平行于投影轴方向的左右、前后和上下的相对关系,是由两点的坐标差来确定的。两点的左、右相对位置由 x 坐标差确定;两点的前、后相对位置由 y 坐标差确定;两点的上、下相对位置由 z 坐标差确定。

如图 2-12 所示,要判断点 A、B 的空间位置关系,可以选定点 A(或 B)为基准,然后将点 B 的坐标与点 A 比较。

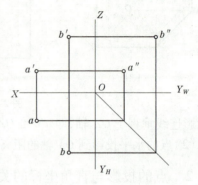

图 2-12 点 A、B 的相对位置

$x_B < x_A$,表示点 B 在点 A 的右方;

$y_B > y_A$,表示点 B 在点 A 的前方;

$z_B > z_A$,表示点 B 在点 A 的上方。

故点 B 在点 A 的右、前、上方;反过来说,就是点 A 在点 B 的左、后、下方。

2.2.3.2 重影点

位于同一射线上的两点,由于它们在与投射线垂直的投影面上的投影是重合的,所以称为该投影面的重影点。这时两点有两个坐标是相同的。如图 2-13 所示,空间两点 A、B 位于垂直于 V 面的射线上,即 $x_A = x_B, z_A = z_B$,它们的正面投影 a' 和 b' 重合为一点,该点称为空间两点 A、B 在 V 面上的重影点。由于 $y_A > y_B$,A 点在 B 点的前方,故 A 点可见,B 点不可见。规定不可见的点的投影加括号。

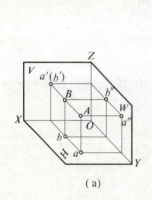

(a)

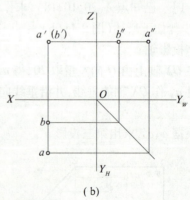

(b)

图 2-13 重影点和可见性

显然,两点为某投影面的重影点时,必有两对同名坐标对应相等,而需要由第三坐标判别其投影的可见性。对 H 面的重影点,z 坐标值大者可见;对 V 面的重影点,y 坐标值大者可见;对 W 面的重影点,x 坐标值大者可见。

2.3 直线的投影

2.3.1 一般直线的投影

直线的投影仍为直线。如图 2-14(a)所示,直线 AB 的水平投影 ab、正面投影 a'b'、侧面投影 a"b"均为直线。

画直线的投影图时,根据"直线的空间位置由线上任意两点决定"的性质,在直线上任取两点,画出它们的投影图后,再将各组同面投影连线,如图 2-14(b)、(c)所示。

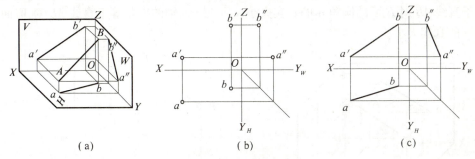

图 2-14 直线的投影

2.3.2 各种位置直线的投影特性

根据直线在投影面体系中对三个投影面所处的位置不同,可将直线分为一般位置直线、投影面平行线和投影面垂直线三种,后两种也称为特殊位置直线。

2.3.2.1 一般位置直线

与三个投影面都倾斜的直线称为一般位置直线,如图 2-15 所示的直线 AB 为一般位置直线。直线和投影面斜交时,直线和它在投影面上的投影所成的锐角,叫作直线对投影面的倾角。规定:一般以 α、β、γ 分别表示直线对 H、V、W 面的倾角。

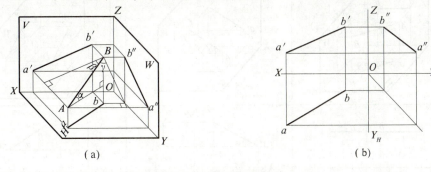

图 2-15 一般位置直线投影特性

在图 2-15 中,直线 AB 对 H 面的倾角为 α,故水平投影 $ab = AB\cos\alpha$。同理,$a'b' = AB\cos\beta$,$a"b" = AB\cos\gamma$。因此,一般位置直线的投影特性为:

(1)三个投影都与投影轴倾斜。
(2)三个投影均小于实长。

反之,如果直线的三个投影相对于投影轴都是斜线,该直线必定是一般位置直线。

2.3.2.2 投影面平行线

平行于一个投影面而对另外两个投影面倾斜的直线称为投影面平行线。它有三种形式,即水平线(//H面)、正平线(//V面)和侧平线(//W面)。现以正平线为例,说明投影面平行线的投影特性。

如图 2-16 所示,由于 $AB//V$ 面,$a'b' = AB$,即正面投影反映长;由于 $y_A = y_B$,则 $ab//OX$,$a''b''//OZ$,即水平投影和侧面投影平行于相应的投影轴;正面投影 $a'b'$ 与 OX 轴的夹角等于直线 AB 对 H 面的倾角 α 的真实大小,$a'b'$ 与 OZ 轴的夹角等于直线 AB 对 W 面的倾角 γ 的真实大小。

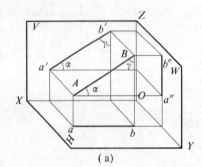

图 2-16 正平线的投影特性

对水平线和侧平线作同样的分析,可得出类似的投影特性,见表 2-1。

表 2-1 投影面平行线的投影特性

名称	水平线($AB//H$面)	正平线($AC//V$面)	侧平线($AD//W$面)
立体图		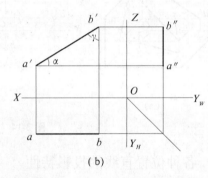	
投影图			

续表 2-1

名称	水平线（$AB // H$ 面）	正平线（$AC // V$ 面）	侧平线（$AD // W$ 面）
在形体投影图中的位置	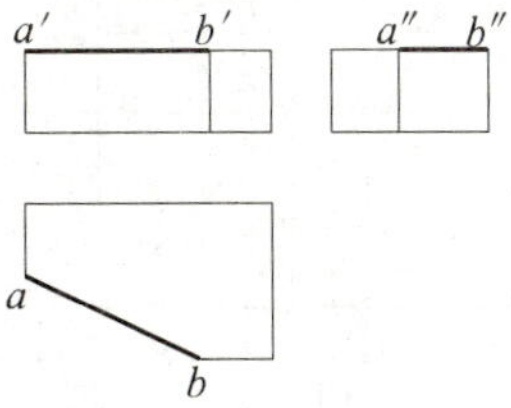	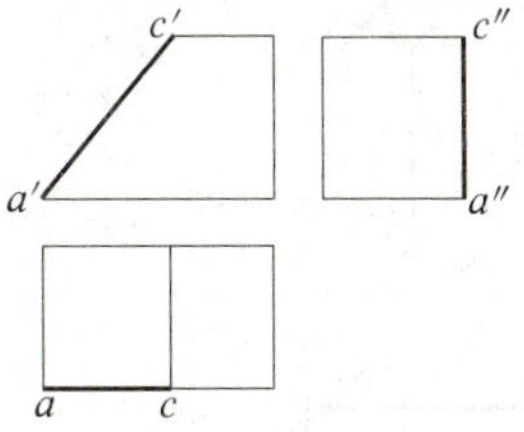	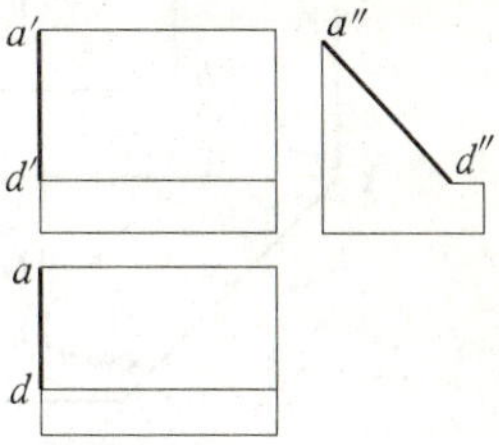
在形体立体图中的位置	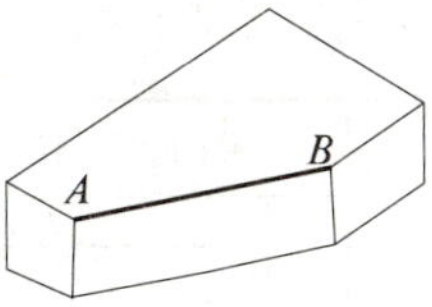	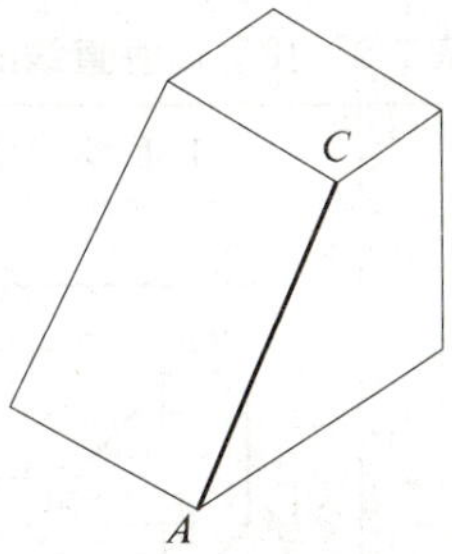	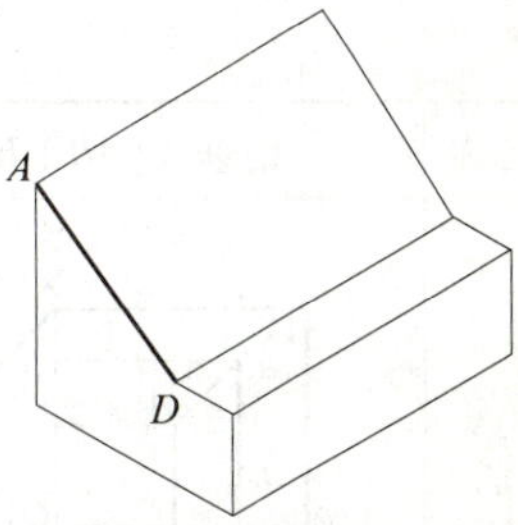
投影规律	（1）ab 与投影轴倾斜，$ab = AB$，反映倾角 β、γ 的大小。 （2）$a'b' // OX$，$a''b'' // OY_W$	（1）$a'c'$ 与投影轴倾斜，$a'c' = AC$，反映倾角 α、γ 的大小。 （2）$ac // OX$，$a''c'' // OZ$	（1）$a''d''$ 与投影轴倾斜，$a''d'' = AD$，反映倾角 α、β 的大小。 （2）$ad // OY_H$，$a'd' // OZ$

从表 2-1 可以看出，投影面平行线具有如下投影特性：

（1）在它所平行的投影面上的投影反映实长，且与投影轴的夹角等于直线对相应投影面的倾角的真实大小。

（2）其他两个投影平行于相应的投影轴。

反之，如果直线的三个投影与投影轴的关系是一斜两平行，则其必定是投影面平行线。

2.3.2.3 投影面垂直线

垂直于一个投影面（与另外两个投影面必定平行）的直线称为投影面垂直线。它也有三种形式，即铅垂线（$\perp H$ 面）、正垂线（$\perp V$ 面）和侧垂线（$\perp W$ 面）。图 2-17 表示了铅垂线的投影特性。

由于直线 $AB \perp H$ 面，$x_A = x_B$，$y_A = y_B$，故其水平投影 ab 积聚成一点。又因直线 $AB // V$ 面，$AB // W$ 面，故 $a'b' = AB = a''b''$，且 $a'b' \perp OX$，$a''b'' \perp OY_W$。

对正垂线和侧垂线作同样的分析，可以得出类似的投影特性，见表 2-2。

· 42 ·

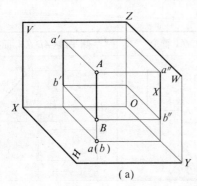 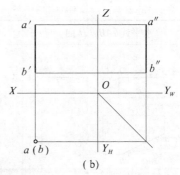

(a)　　　　　　　　　　　　(b)

图 2-17　铅垂线的投影特性

表 2-2　投影面垂直线的投影特性

名称	铅垂线（$AB \perp H$ 面）	正垂线（$AC \perp V$ 面）	侧垂线（$AD \perp W$ 面）
立体图			
投影图			
在形体投影图中的位置			
在形体立体图中的位置			
投影规律	(1) ab 积聚为一点。 (2) $a'b' \perp OX$，$a''b'' \perp OY_W$。 (3) $a'b' = a''b'' = AB$	(1) $a'c'$ 积聚为一点。 (2) $ac \perp OX$；$a''c'' \perp OZ$。 (3) $ac = a''c'' = AC$	(1) $a''d''$ 积聚为一点。 (2) $ad \perp OY_H$；$a'd' \perp OZ$。 (3) $ad = a'd' = AD$

从表2-2可以看出,投影面垂直线具有如下投影特性:
(1)它所垂直的投影面上的投影积聚成一点。
(2)其他两个投影反映实长,且垂直于相应的投影轴。
反之,如果直线的一个投影是点,则直线必定是该投影面的垂直线。

2.3.3 直线上的点的投影

(1)直线上点的投影必属于该直线的同面投影,并且符合点的投影特性,即从属性。如图2-18中的点C在AB上,c、c'、c''分别在ab、$a'b'$、$a''b''$上,且$cc' \perp OX$,$c'c'' \perp OZ$,$cc_X = c''c_Z$。

(2)直线上的点分线段之比,其投影也保持不变,即定比性。如图2-18所示,点C在AB上,则$ac:cb = a'c':c'b' = a''c'':c''b'' = AC:CB$。

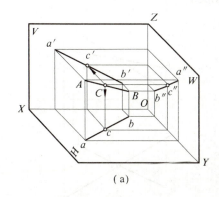
(a)

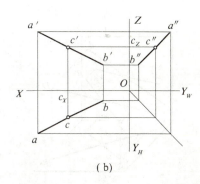
(b)

图2-18 属于直线的点的投影特性

利用上述性质,可以求属于直线的点的投影。如图2-19所示,点C属于直线AB,已知直线AB的三面投影和点C的水平投影c,求点C的正面投影c'和侧面投影c''。

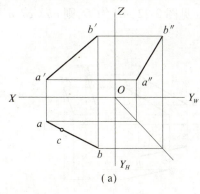
(a)

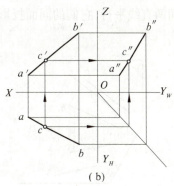
(b)

图2-19 求直线上点的投影

需要注意的是,如果点的三面投影中有一面投影不属于直线的同面投影,则该点必不属于该直线。如图2-20中的点K不属于直线AB。

2.3.4 两直线的相对位置

两直线在空间的相对位置有相交、平行和交叉(既不相交又不平行,也称异面)三种情况。

2.3.4.1 两直线相交

空间两直线相交,其交点为两直线的共有点,则两条直线的投影必相交,且交点符合点的投影规律。

如图 2-21 所示,直线 AB 与 CD 交于 K,则它们的同面投影 ab 与 cd、a'b' 与 c'd' 均相交,且交点 k、k' 符合点的投影规律,为同一点的投影。

反之,如果两直线的各组同面投影都相交,且交点符合点的投影规律,则此两直线在空间必定相交。

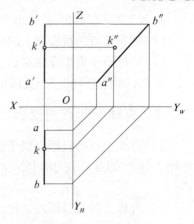

图 2-20 点不属于直线

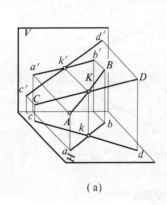

(a)

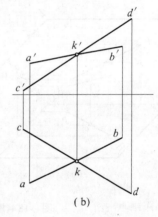

(b)

图 2-21 两直线相交

2.3.4.2 两直线平行

空间两直线平行,它们的同面投影必定平行。见图 2-22,$AB /\!/ CD$,则 $ab /\!/ cd$、$a'b' /\!/ c'd'$、$a''b'' /\!/ c''d''$。

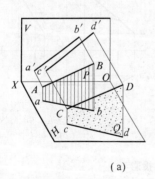

(a)

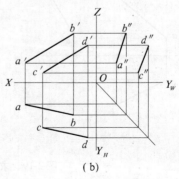

(b)

图 2-22 两直线平行

反之,如果两直线的各组同面投影都平行,则此两直线在空间必定平行。

2.3.4.3 两直线交叉

由于交叉两直线既不相交也不平行,因此交叉两直线的各面投影不符合相交两直线的投影特性,也不符合平行两直线的投影特性,如图 2-23 所示。

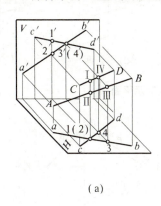
(a)

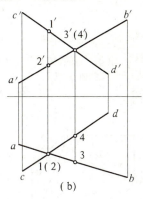
(b)

图 2-23 两直线交叉

反之,如果两直线的投影不符合相交两直线或平行两直线的投影特性,则此两直线在空间必定交叉。

交叉两直线的同面投影也可能相交,在图 2-23 中,AB 和 CD 两直线的同面投影都相交,但交点不符合点的投影规律,不是两直线的共有点的投影。这个投影的交点是空间同处在一条投射线上且分别从属于两直线的两个点,即重影点的的投影。

在图 2-23 中,交点 1(2) 是 CD 直线上的 Ⅰ 点和 AB 直线上的 Ⅱ 点在水平投影上的重影点,交点 3′(4′) 是 AB 直线上的 Ⅲ 点和 CD 直线上的 Ⅳ 点在正面投影上的重影点。

Ⅰ 和 Ⅱ、Ⅲ 和 Ⅳ 的可见性可以按重影点的可见性判断。水平投影中 1 可见,2 不可见;正面投影中 3′ 可见,4′ 不可见。

2.4 平面的投影

2.4.1 平面的表示法

2.4.1.1 用几何元素表示平面

通常用平面上点、直线或平面图形等几何元素的投影来表示平面的投影,如图 2-24 所示。

2.4.1.2 用迹线表示平面

平面与投影面的交线称为平面的迹线。如图 2-25 所示,平面 P 与 H 面的交线叫作水平迹线,用 P_H 表示;平面 P 与 V 面的交线叫作正面迹线,用 P_V 表示;平面 P 与 W 面的交线叫作侧面迹线,用 P_W 表示。既然任何两条迹线如 P_H 和 P_V 都是属于平面 P 的相交两直线,故可以用迹线来表示该平面,称为迹线平面。

2.4.2 各种位置平面的投影特性

根据平面在投影面体系中对三个投影面所处的位置不同,可将平面分为一般位置平

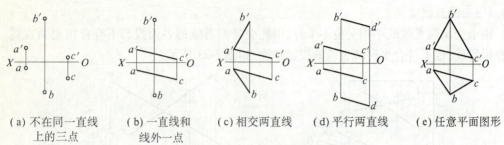

(a) 不在同一直线上的三点　　(b) 一直线和线外一点　　(c) 相交两直线　　(d) 平行两直线　　(e) 任意平面图形

图 2-24　用几何元素表示平面

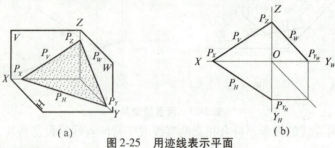

图 2-25　用迹线表示平面

面、投影面垂直面和投影面平行面三种,后两种也称为特殊位置平面。

2.4.2.1　一般位置平面

对三个投影面都倾斜的平面称为一般位置平面。

如图 2-26 所示,三棱锥的棱面 △SAB 对三个投影面都是倾斜的,是一般位置平面。由于 △SAB 倾斜于 H、V、W 面,所以其三面投影都不反映实形,而是小于实形的三角形。用迹线表示时,各迹线都与相应的投影轴相交。

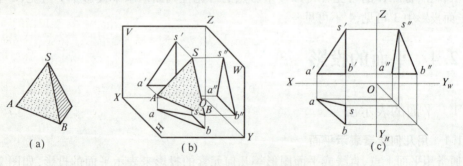

图 2-26　一般位置平面的投影

一般位置平面的投影特性:三投影均为空间图形的类似形,面积缩小,且均不能直接反映平面对投影面的倾角。

2.4.2.2　投影面垂直面

垂直于一个投影面而对其他两个投影面倾斜的平面,称为投影面垂直面。垂直于 H 面的平面称为铅垂面,垂直于 V 面的平面称为正垂面,垂直于 W 面的平面称为侧垂面。

表 2-3 列出了三种投影面垂直面的立体图、投影图和投影特性。

表2-3 投影面垂直面的投影特性

名称	铅垂面($A \perp H$)	正垂面($B \perp V$)	侧垂面($C \perp W$)
立体图	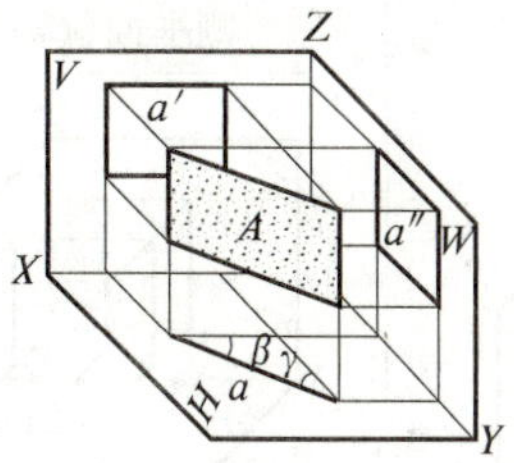	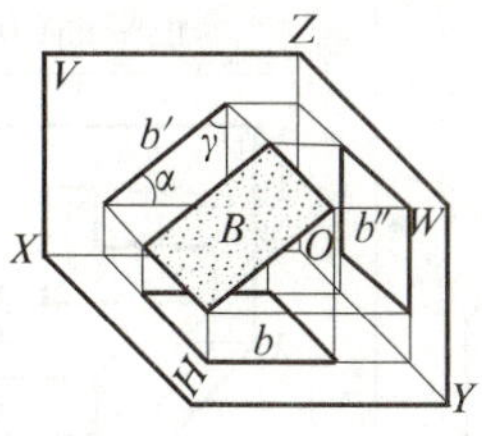	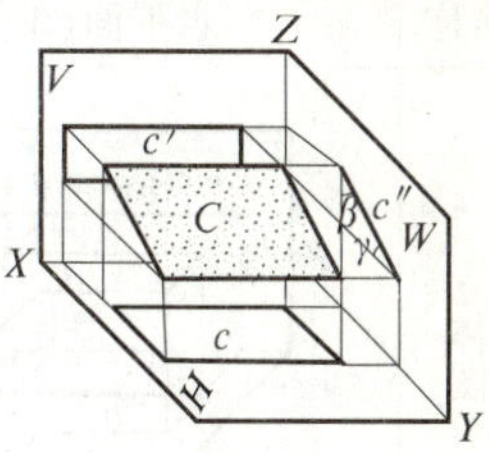
投影图	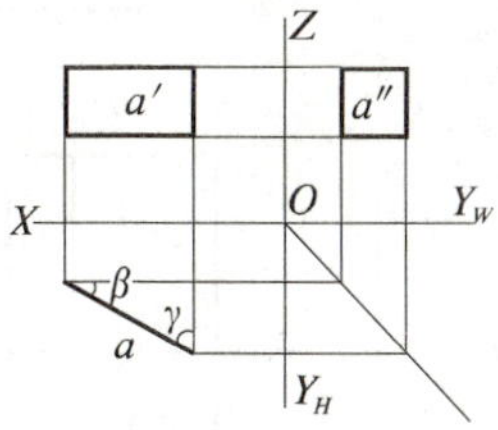	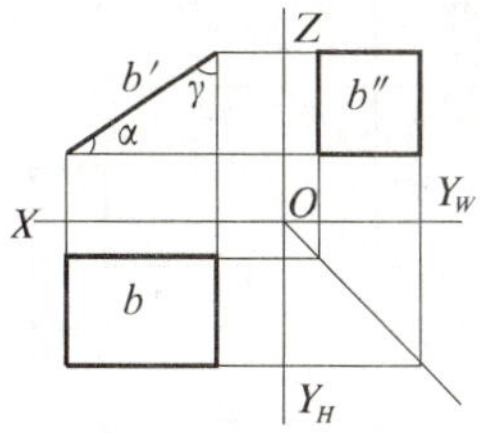	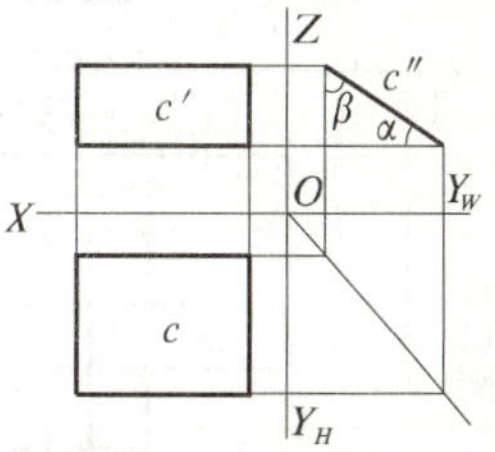
在形体投影图中的位置	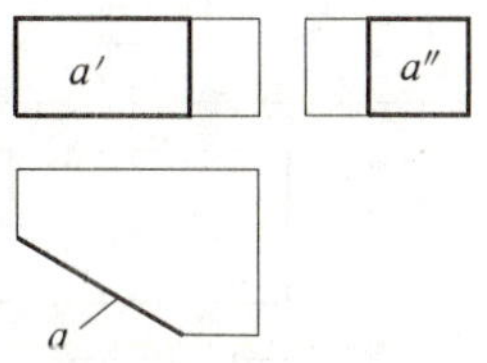	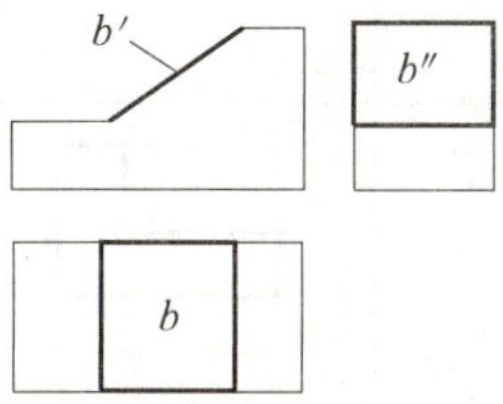	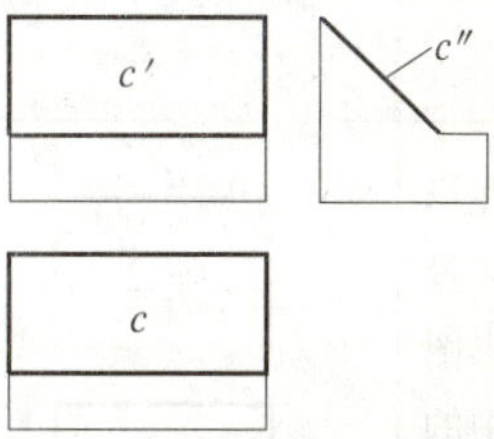
在形体立体图中的位置	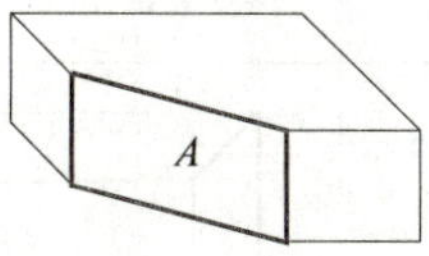	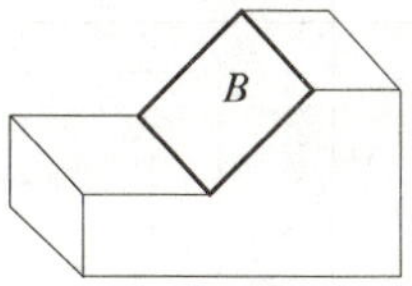	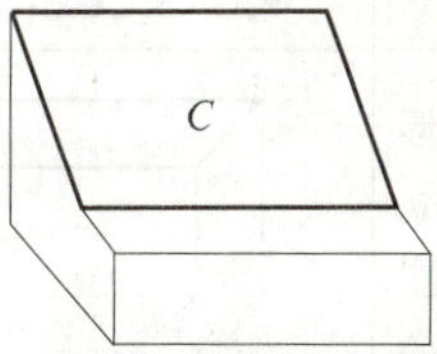
投影规律	(1) H 面投影 a 积聚为一条斜线且反映 β、γ 的大小。 (2) V 面投影 a' 和 W 面投影 a'' 小于实形,是类似形	(1) V 面投影 b' 积聚为一条斜线且反映 α、γ 的大小。 (2) H 面投影 b 和 W 面投影 b'' 小于实形,是类似形	(1) W 面投影 c'' 积聚为一条斜线,且反映 α、β 的大小。 (2) H 面投影 c 和 V 面投影 c' 小于实形,是类似形

由表2-3可概括出,投影面垂直面有以下投影特性:

(1) 在所垂直的投影面上的投影积聚成一条与投影轴倾斜的直线,它与投影轴的夹角分别反映该平面与相应投影面的倾角。

(2) 其他两个投影均为小于实形的类似形。

2.4.2.3 投影面平行面

平行于一个投影面的平面(亦即垂直于其他两个投影面)称为投影面平行面。平行于 H 面的平面称为水平面,平行于 V 面的平面称为正平面,平行于 W 面的平面称为侧平面。

表 2-4 列出了三种投影面平行面的立体图、投影图和投影特性。

表 2-4 投影面平行面的投影特性

名称	水平面($A/\!/H$)	正平面($B/\!/V$)	侧平面($C/\!/W$)
立体图	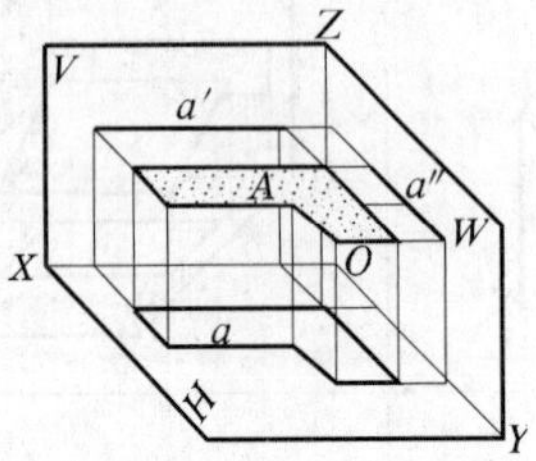	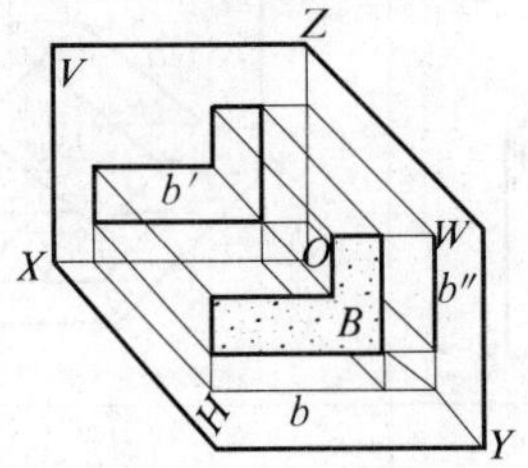	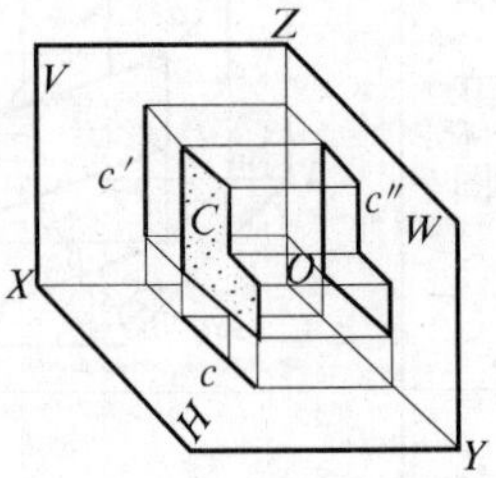
投影图	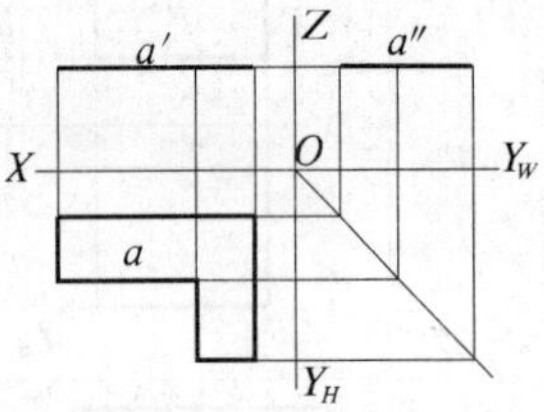	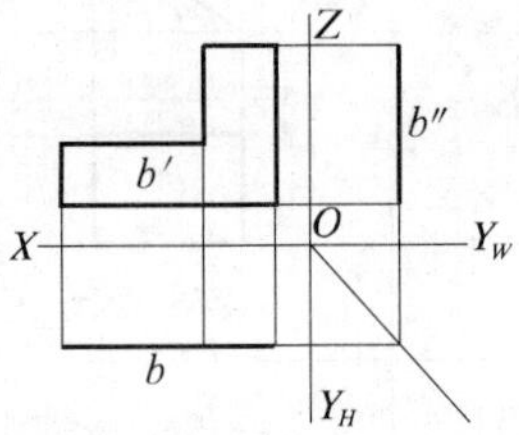	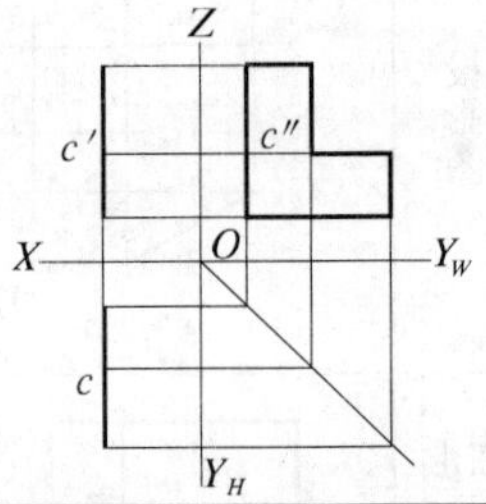
在形体投影图中的位置	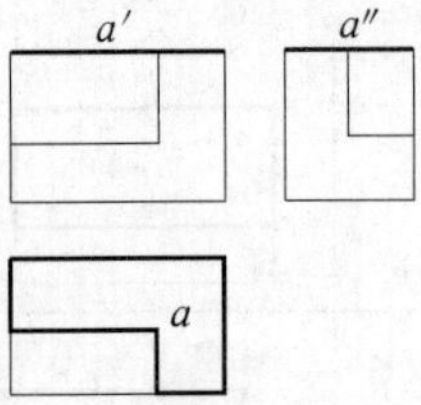	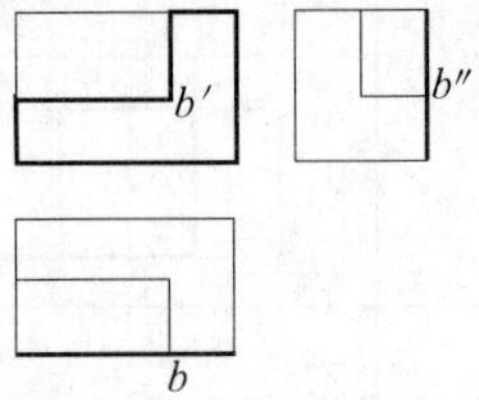	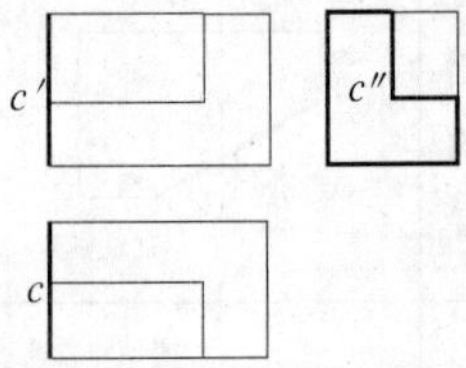
在形体立体图中的位置	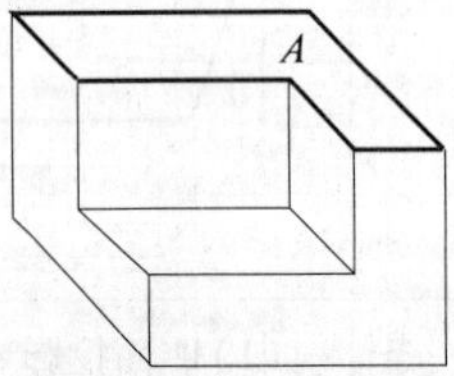	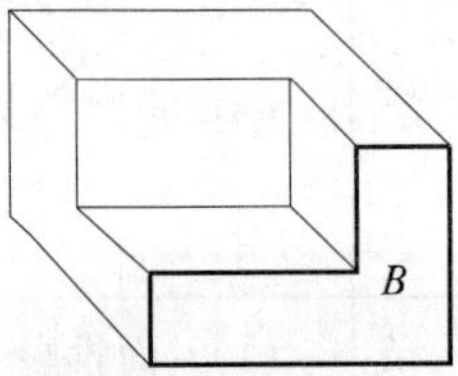	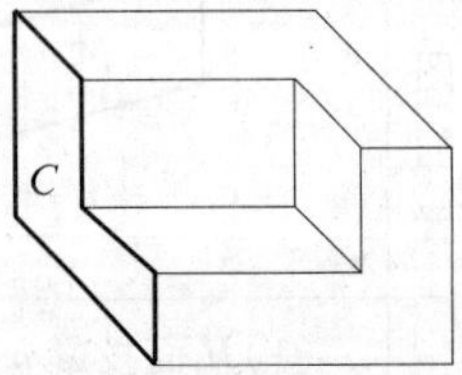
投影规律	(1) H 面投影 a 反映实形。 (2) V 面投影 a' 和 W 面投影 a'' 积聚为直线，分别平行于 OX、OY_W 轴	(1) V 面投影 b' 反映实形。 (2) H 面投影 b 和 W 面投影 b'' 积聚为直线，分别平行于 OX、OZ 轴	(1) W 面投影 c'' 反映实形。 (2) H 面投影 c 和 V 面投影 c' 积聚为直线，分别平行于 OY_H、OZ 轴

由表 2-4 可概括出，投影面平行面有以下投影特性：
(1) 在所平行的投影面上的投影反映实形。
(2) 其他两个投影面上的投影均积聚成直线段，且分别平行于相应的投影轴。

2.5 平面内的点和直线

2.5.1 平面内的点和直线的判断条件

点和直线在平面内的几何条件是：

(1)点从属于平面内的任一直线,则该点从属于该平面。

(2)若直线通过属于平面的两个点,或通过属于平面的一点,且平行于属于该平面的任一直线,则该直线属于该平面。

图 2-27 中点 M 和直线 MN 位于相交两直线 AB、BC 所确定的平面 ABC 内。

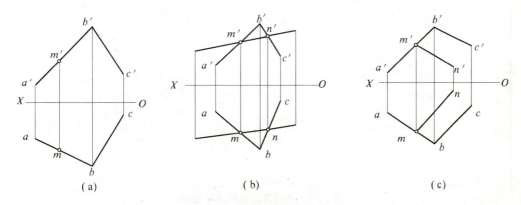

图 2-27 平面内的点和直线

【例 2-2】 如图 2-28(a)所示,已知△ABC 平面内的点 E 的正面投影 e′,试求它的另一面投影。

因为点 E 属于△ABC 平面,故过 E 作属于△ABC 平面的一条直线,则点 E 的两个投影必属于相应直线的同面投影。

作法 1　步骤如下所述(见图 2-28(b))：

(1)过 e′作直线的正面投影 e′b′,交 a′c′于 d′。

(2)求出 D 的水平投影 d,连接 bd 并延长。

(3)然后过 e′作 OX 轴的垂线与 bd 的延长线相交,交点即为 E 的水平投影 e。

作法 2　步骤如下所述(见图 2-28(c))：

(1)过 e′作 e′f′∥a′b′,交 b′c′于 f′。

(2)求出水平投影 f,过 f 作直线平行 ab；与过 e′作 OX 轴的垂线交于 e,即为 E 的水平投影。

【例 2-3】 如图 2-29(a)所示,已知四边形 ABCD 的正面投影和 BC、CD 两边的水平投影,试完成四边形的水平投影。

BC 和 CD 是相交二直线,现已知其两面投影,故该平面是已知的。而点 A 是属于该平面的一点,故可应用取属于平面的点的方法求点 A 的水平投影。

作图步骤如下所述(见图 2-29(b))。

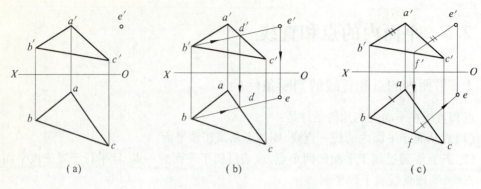

图 2-28　求平面上点的投影

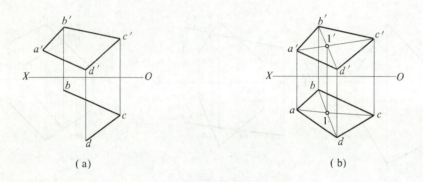

图 2-29　完成四边形的水平投影

(1) 连接 $b'd'$ 和 bd。
(2) 连接 $a'c'$，并与 $b'd'$ 相交于 $1'$。
(3) 由 $1'$ 引 OX 轴的垂线，并与 bd 相交于 1。
(4) 连接 $c1$ 并延长，与从 a' 向 OX 轴所作的垂线交于 a，即为点 A 的水平投影。
(5) 连接 ab 和 ad，即完成四边形 $ABCD$ 的水平投影。

2.5.2　平面上的投影面平行线

从属于平面的投影面的平行线应满足以下两个条件：
(1) 该直线的投影应满足投影面平行线的投影特点。
(2) 该直线的投影同时应满足直线从属于平面的几何条件。

【例 2-4】 已知 $\triangle ABC$ 平面的两面投影，如图 2-30(a) 所示，要求在平面上取一条水平线，使其到 H 面的距离为 20。

作图步骤如下所述（见图 2-30(b)）：
(1) 在正面投影中作 $d'e' \parallel OX$，且使 $z=20$，并与 $a'b'$、$a'c'$ 分别交于 d'、e'。
(2) 根据 d'、e' 求出 d、e。
(3) 连接 de，即得该直线的水平投影。

第 2 章 投影基础

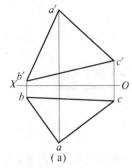
(a)

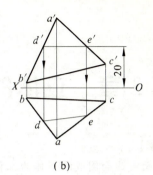
(b)

图 2-30 作从属于平面的水平线

本章小结

通过本章的学习,应了解投影的原理,掌握正投影的有关知识,这也是本课程学习的核心内容。点、线、面是组成物体的基本组成元素,只有掌握它们的投影规律和作图方法,初步建立空间概念,才能为进一步学习物体的三视图打下基础。

第3章 立体的投影及表面交线

【本章导读】

由平面或曲面围成的形体为立体。机械制图中,通常把棱柱、棱锥、圆柱、圆锥、圆球、圆环等简单立体称为基本立体。本章主要介绍常见的基本立体的投影和截交线、相贯线的概念和作图方法。

【学习目标】

了解截切体、相贯体的形成及相关概念、术语。

理解基本立体的投影特性。

掌握平面立体、回转体表面取点的方法,求截交线及相贯线的作图方法和步骤。

3.1 基本体的投影

机器上的零件,不论形状多么复杂,都可以看作是由基本几何体按照不同的方式组合而成的。

基本几何体——表面规则而单一的几何体。按其表面性质,可以分为平面立体和曲面立体两类。

平面立体——表面全部由平面所围成的立体,如棱柱和棱锥等。

曲面立体——表面全部由曲面或曲面和平面所围成的立体,常见的曲面立体为回转体,如圆柱、圆锥、圆球、圆环等。

3.1.1 平面立体及其表面上点的投影

3.1.1.1 棱柱

棱柱由两个底面和棱面组成,棱面与棱面的交线称为棱线,棱柱的棱线互相平行。棱线与底面垂直的棱柱称为直棱柱,棱线与底面倾斜的棱柱称为斜棱柱。棱柱上、下底面是形状相同且互相平行的平面多边形,各侧面都是矩形或平行四边形。上、下底面是正多边形的直棱柱称为正棱柱。本节仅讨论正棱柱的投影。

(1)棱柱的投影。如图3-1(a)所示为一正六棱柱,由上、下两个底面(正六边形)和六个棱面(长方形)组成。在三面投影体系中,将其放置成上、下底面与水平投影面平行,并有两个棱面平行于正投影面。

上、下两底面均为水平面,它们的水平投影重合并反映实形,正面及侧面投影积聚为两条相互平行的直线。六个棱面中的前、后两个为正平面,它们的正面投影反映实形,水平投影及侧面投影积聚为一直线。其他四个棱面均为铅垂面,其水平投影均积聚为直线,正面投影和侧面投影均为类似形。

第3章 立体的投影及表面交线

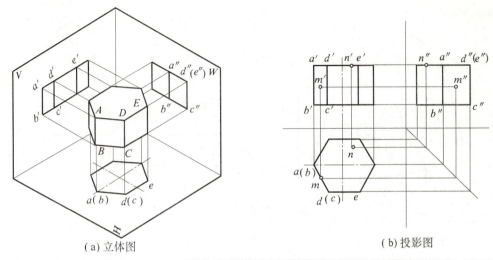

(a) 立体图　　　　　　　　　　　　(b) 投影图

图 3-1　正六棱柱的投影及表面上取点

正棱柱的投影特征：当棱柱的底面平行某一个投影面时，则棱柱在该投影面上投影的外轮廓为与其底面全等的正多边形，而另外两个投影则由若干个相邻的矩形线框所组成。

总结画平面体视图的实质：画出所有棱线（或表面）的投影，并根据它们的可见与否，分别采用粗实线或虚线表示。

（2）棱柱表面上点的投影。由于正棱柱的各个面均为特殊位置面，其投影均具有积聚性因此求正棱柱表面上的点的投影，可以利用点所在的面的积聚性来作图。平面立体表面上取点实际就是在平面上取点。首先应确定点位于立体的哪个平面上，并分析该平面的投影特性，然后根据点的投影规律求得。

如图 3-1（b）所示，已知棱柱表面上点 M 的正面投影 m'，求作其他两面投影 m、m''。因为 m' 可见，所以点 M 必在面 $ABCD$ 上。此棱面是铅垂面，其水平投影积聚成一条直线，故点 M 的水平投影 m 必在此直线上，再根据 m、m' 可求出 m''。由于 $ABCD$ 的侧面投影为可见，故 m'' 也为可见。图中 N 点的投影请读者自行分析。

需要注意的是，点与积聚成直线的平面重影时，不加括号。

3.1.1.2　棱锥

棱锥的底面为多边形，各棱面为过锥顶的三角形。若棱锥的底面为正多边形，各棱面为全等的三角形，则称为正棱锥。

（1）棱锥的投影。如图 3-2（a）所示为正三棱锥，它的表面由一个底面（正三边形）和三个侧棱面（等腰三角形）围成。在三投影体系中，设将其放置成底面与水平投影面平行，并有一个棱面垂直于侧投影面。

由于棱锥底面 △ABC 为水平面，所以它的水平投影反映实形，正面投影和侧面投影分别积聚为直线段 $a'b'c'$ 和 $a''(c'')b''$。棱面 △SAC 为侧垂面，它的侧面投影积聚为一段斜线 $s''a''(c'')$，正面投影和水平投影为类似形 △$s'a'c'$ 和 △sac，前者为不可见，后者可见。棱面 △SAB 和 △SBC 均为一般位置平面，它们的三面投影均为类似形。

棱线 SB 为侧平线，棱线 SA、SC 为一般位置直线；棱面与底面交线 AC 为侧垂线，AB、

BC 为水平线。

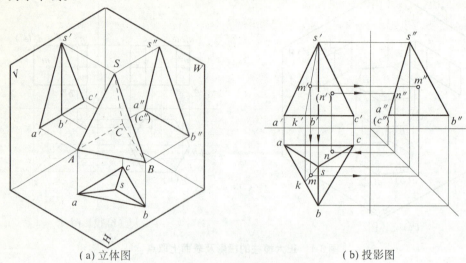

（a）立体图　　　　　　　　　　（b）投影图

图 3-2　正三棱锥的投影及表面上取点

正棱锥的投影特征：当棱锥的底面平行某一个投影面时，则棱锥在该投影面上投影的外轮廓为与其底面全等的正多边形，而另外两个投影则由若干个相邻的三角形线框所组成。

(2) 棱锥表面上点的投影。由于正三棱锥的表面有特殊位置平面，也有一般位置平面。因此，在其表面取点的方法有利用点所在的面的积聚性法和辅助直线法两种。

具体作图时，首先确定点位于棱锥的哪个平面上，再分析该平面的投影特性。若该平面为特殊位置平面，可利用投影的积聚性直接求得点的投影；若该平面为一般位置平面，则可通过辅助线法求得。

如图 3-2(b) 所示，已知正三棱锥表面上点 M 的正面投影 m' 和点 N 的水平面投影 n，求作 M、N 两点的其余投影。

因为 m' 可见，因此点 M 必定在 △SAB 上。△SAB 是一般位置平面，采用辅助线法，过点 M 及锥顶点 S 作一条直线 SK，与底边 AB 交于点 K。在图 3-2(b) 中，过 m' 作 $s'k'$，再作出其水平投影 sk。由于点 M 属于直线 SK，根据点在直线上的从属性质可知 m 必在 sk 上，求出水平投影 m，再根据 m、m' 可求出 m''。

因为点 N 不可见，故点 N 必定在棱面 △SAC 上。棱面 △SAC 为侧垂面，它的侧面投影积聚为直线段 $s''a''(c'')$，因此 n'' 必在 $s''a''(c'')$ 上，由 n、n'' 即可求出 n'。

3.1.2　曲面立体及其表面上点的投影

常见曲面立体即回转体，回转体的回转面看作是由一条母线（直线或曲线）绕定轴回转而形成的。在投影图上表示回转体就是把围成立体的回转面或平面与回转面表示出来，也就是曲面立体的轮廓线、尖点的投影和曲面投影的转向轮廓线。

3.1.2.1　圆柱

圆柱表面由圆柱面和两底面所围成。圆柱面可看作一条直母线围绕与它平行的轴线回转而成。圆柱面上任意一条平行于轴线的直线称为圆柱面的素线。

（1）圆柱的投影。画图时，一般常使它的轴线垂直于某个投影面。如图3-3（a）所示，圆柱的轴线垂直于水平面，圆柱面上所有素线都是铅垂线。

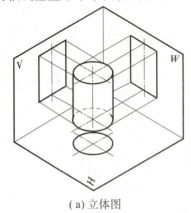
（a）立体图

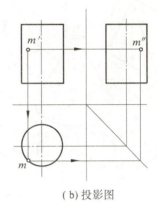
（b）投影图

图 3-3　圆柱的投影及表面上取点

在图 3-3（b）所示的投影图中，圆柱上、下底面为水平面，在水平投影上反映实形，正面投影和侧面投影分别积聚为一直线。圆柱面上所有素线都是铅垂线，因此圆柱面的水平投影积聚为一个圆。在正面投影和侧面投影上分别画出决定投影范围的外轮廓素线，即为圆柱面可见部分与不可见部分的分界线投影。如正面投影上是最左、最右两条素线的投影，它们是正面投影可见的前半圆柱面和不可见的后半圆柱面的分界线，也称为正面投影的转向轮廓线。侧面投影上是最前、最后两条素线的投影，它们是侧面投影可见的左半圆柱面和不可见的右半圆柱面的分界线，也称为侧面投影的转向轮廓素线。

总结圆柱的投影特征：当圆柱的轴线垂直某一个投影面时，必有一个投影为圆形，另外两个投影为全等的矩形。

（2）圆柱面上点的投影。由于圆柱的圆柱面和两底面均至少有一个投影具有积聚性，因此可以利用点所在面的积聚性直接求出点的投影。如图 3-3（b）所示，已知圆柱面上点 M 的正面投影 m'，求作点 M 的其余两个投影。因为圆柱面的投影具有积聚性，圆柱面上点的水平面投影一定重影在圆周上。又因为 m' 可见，所以点 M 必在前半个圆柱面上，由 m' 求得 m''，再由 m' 和 m'' 求得 m。

3.1.2.2　圆锥

圆锥表面由圆锥面和底面所围成。圆锥面是一条直母线绕与它相交的轴线回转而成的。在圆锥面上通过锥顶的任一直线称为圆锥面的素线。

（1）圆锥的投影。画圆锥面的投影时，也常使它的轴线垂直于某一投影面。如图 3-4（a）所示圆锥的轴线是铅垂线，底面是水平面。

在图 3-4（b）所示的投影图中，圆锥的水平投影为一个圆，反映底面的实形，同时也表示圆锥面的投影。圆锥的正面、侧面投影均为等腰三角形，其底边均为圆锥底面的积聚投影。正面投影中三角形的两腰 $s'a'$、$s'b'$ 分别表示圆锥面最左、最右轮廓素线 SA、SB 的投影，它们是圆锥面正面投影可见与不可见的分界线。SA、SB 的水平投影 sa、sb 和横向中心线重合，侧面投影 $s''a''(b'')$ 与轴线重合。同理，可对侧面投影中三角形的两腰进行类似的分析。

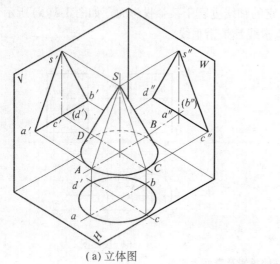
(a) 立体图

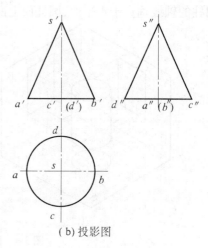
(b) 投影图

图 3-4 圆锥的投影

总结圆锥的投影特征：当圆锥的轴线垂直某一个投影面时，则圆锥在该投影面上投影为与其底面全等的圆形，另外两个投影为全等的等腰三角形。

(2) 圆锥面上点的投影。在圆锥面上取点的作图法有辅助线法和辅助圆法两种。

如图 3-5 所示，已知圆锥表面上 M 的正面投影 m'，求作点 M 的其余两个投影。因为 m' 可见，所以 M 必在前半个圆锥面的左边，故可判定点 M 的另两面投影均为可见。

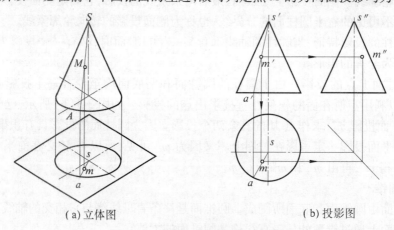

(a) 立体图　　　　　　　　　　(b) 投影图

图 3-5 辅助线法在圆锥面上取点

作法 1 (辅助线法)：如图 3-5(a) 所示，过锥顶 S 和 M 作一直线 SA，与底面交于点 A。点 M 的各个投影必在此 SA 的相应投影上。在图 3-5(b) 中过 m' 作 $s'a'$，然后求出其水平投影 sa。由于点 M 属于直线 SA，根据点在直线上的从属性质可知 m 必在 sa 上，求出水平投影 m，再根据 m、m' 可求出 m''。

作法 2 (辅助圆法)：如图 3-6(a) 所示，过圆锥面上点 M 作一垂直于圆锥轴线的辅助圆，点 M 的各个投影必在此辅助圆的相应投影上。在图 3-6(b) 中过 m' 作水平线 $a'b'$，此为辅助圆的正面投影积聚;辅助圆的水平投影为一直径等于 $a'b'$ 的圆,圆心为 s,由 m' 向下引垂线与此圆相交,且根据点 M 的可见性,即可求出 m。然后再由 m' 和 m 可求出 m''。

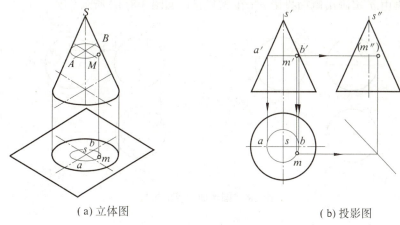

图 3-6　辅助圆法在圆锥面上取点

3.1.2.3　圆球

圆球的表面是球面,圆球面可看作是一条圆母线绕通过其圆心的轴线回转而成的。

(1)圆球的投影。图 3-7(a)为圆球的立体图,图 3-7(b)为圆球的投影图。圆球在三个投影面上的投影都是直径相等的圆,但这三个圆分别表示三个不同方向的圆球面轮廓素线的投影。正面投影的圆是平行于 V 面的圆素线 A(它是前半球与后半球的分界线)的投影;与此类似,侧面投影的圆是平行于 W 面的圆素线 C 的投影;水平投影的圆是平行于 H 面的圆素线 B 的投影。这三条圆素线的其他两面投影,都与相应圆的中心线重合,不应画出。

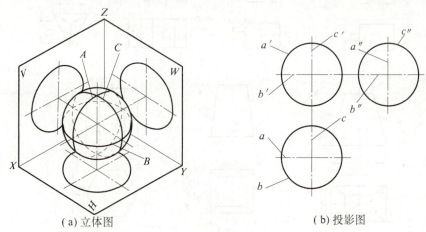

图 3-7　圆球的投影

(2)圆球面上点的投影。圆球面的投影没有积聚性,求作其表面上点的投影需采用辅助圆法,即过该点在球面上作一个平行于任一投影面的辅助圆。

如图 3-8(a)所示,已知球面上点 A 的正面投影,求作其余两个投影。过点 a' 作一水平的直线 $1'2'$(水平辅助圆的正面投影),根据投影关系画出辅助圆的水平投影 1234,水平投影为直径等于 1′2′ 的圆,其侧面投影 3″4″。自正面投影 a′ 向下引垂线,在水平投影上与辅助圆相交于两点,又由于 a′ 可见,故点 A 必在前半个圆周上,据此可确定左前方的点即为 a;再由 a、a′ 画出侧面投影 a″(在 3″4″ 上),如图 3-8(b) 所示。

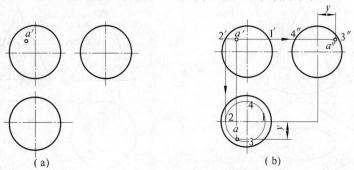

图 3-8　圆球面上点的投影

3.1.3　基本体的尺寸标注

(1) 平面立体的尺寸标注。平面立体一般标注长、宽、高三个方向的尺寸,如图 3-9 所示。其中正方形的尺寸可采用如图 3-9(f) 所示的形式注出,即在边长尺寸数字前加注 "□" 符号。图 3-9(d)、(g) 中加 "(　)" 的尺寸称为参考尺寸。

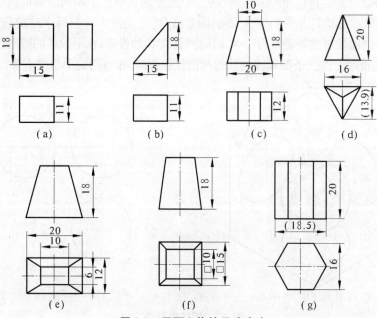

图 3-9　平面立体的尺寸注法

(2) 回转体的尺寸标注。圆柱和圆锥应注出底圆直径和高度尺寸,圆锥台还应加注顶圆的直径。直径尺寸应在其数字前加注符号 "ϕ",一般注在非圆视图上。这种标注形式用一个视图就能确定其形状和大小,其他视图就可省略,如图 3-10(a)~(c) 所示。标注圆球的直径和半径时,应分别在 "ϕ、R" 前加注符号 "S",如图 3-10(d)、(e) 所示。

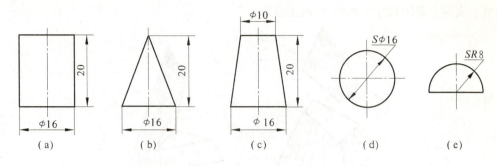

图 3-10 曲面立体的尺寸注法

3.2 截交线

平面与立体表面相交,可以认为是立体被平面截切,如图 3-11 所示,物体被平面 P 截为两部分,其中用来截断立体的平面称为截平面;立体被截断后的部分称为截断体;立体被截切后的断面称为截断面;截平面与立体表面的交线称为截交线。

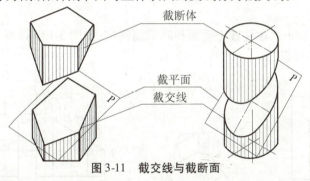

图 3-11 截交线与截断面

为了正确分析和表达机件的结构形状,我们需要了解截交线的性质和画法。由于立体的形状和截平面与立体的相对位置不同,截交线的形状也各不相同。但任何截交线都具有下列两个基本性质:

(1)共有性。截交线既在截平面上,又在立体表面上,截交线是截平面与立体表面的共有线,截交线上的点也都是它们的共有点。

(2)封闭性。由于立体表面是有范围的,所以截交线一般是封闭的平面图形。

根据截交线的性质,求截交线的投影,就是求出截平面与截断体表面的全部共有点的投影,然后依次光滑连线,得到截交线的投影。

3.2.1 平面立体的截交线

由于平面立体的表面是由平面围成的,立体表面上的棱线为直线,故截平面与平面立体相交所得的截交线是平面多边形。其多边形的顶点是平面立体上棱线与截平面的交点,多边形的边是平面立体上棱面与截平面的交线,如图 3-12 所示。所以,求作平面立体截交线的投影,就是求出被截平面立体上棱线与截平面的交点的投影,再依次连接相邻点而成。实质上是求属于平面的点、线的投影。

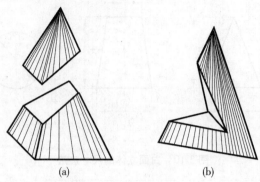

图 3-12 平面与平面立体相交

3.2.1.1 棱柱表面的截交线

求棱柱表面截交线时,一般先分析棱柱的放置位置,截平面与棱柱的哪些表面相交,想象出截断面的形状。

画图时,一般根据已知的投影图,先找出断面多边形中各顶点的投影,然后判别可见性,各点依次连线。

【例3-1】 已知正六棱柱被正垂面和侧平面截切,如图3-13(a)所示,补画出被截切后正六棱柱的其他投影。

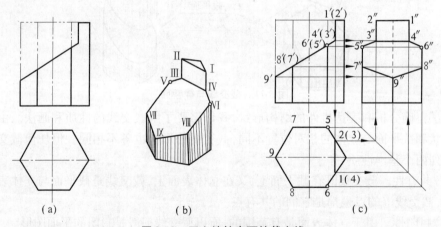

图 3-13 正六棱柱表面的截交线

由正面投影可知,正垂的截平面与六棱柱的六个棱面和五条棱线相交,其截断面是七边形;侧平的截平面与六棱柱的上底、右侧两立面相交,其截断面是矩形;两个截平面相交,其交线必须画出,如图3-13(b)所示。

作图步骤如下所述(见图3-13(c)):

(1)在正面投影中定出侧平面与六棱柱上底面的交线1′(2′),侧平面与正垂面的交线4′(3′),正垂面与棱线的交点(5′)、6′、(7′)、8′、9′。

(2)按投影特性,由正面投影1′2′作出棱柱上底面交线的水平投影12,侧面投影1″2″。

(3)由正面投影中各点按投影规律定出水平投影(3)、(4)、5、6、7、8、9。

(4)由正投影和水平投影作出各点的侧面投影 3″、4″、5″、6″、7″8″、9″。

(5)判别可见性,依次连线,即侧面投影矩形 1″2″3″4″;七边形 3″5″7″9″8″6″4″3″。

(6)整理轮廓线,侧面投影中 5″6″上边轮廓线被切掉,不必画出,其余投影存在的线描深。

3.2.1.2 棱锥的截交线

棱锥的截交线同棱柱一样,也是平面多边形。当特殊位置平面与棱锥相交时,由于棱锥的三个投影都没有积聚性,此时截交线与截平面有积聚性的投影重合,可直接得出,其余两个投影则需先在棱锥表面上定点,然后用作辅助线法求出。

【例 3-2】 如图 3-14(a)所示,已知带切口的正三棱锥正面投影,求其另两面投影。

该正三棱锥的切口是由两个相交的截平面切割而形成的。两个截平面中一个是水平面,一个是正垂面,它们都垂直于正面,因此切口的正面投影具有积聚性。水平截面与三棱锥的底面平行,因此它与棱面 △SAB 和 △SAC 的交线 DE、DF 必分别平行于底边 AB 和 AC,水平截面的侧面投影积聚成一条直线。正垂截面分别与棱面 △SAB 和 △SAC 交于直线 GE、GF。由于两个截平面都垂直于正面,所以两截平面的交线一定是正垂线,作出以上交线的投影即可得出所求投影。

如图 3-14 所示,正三棱锥被正垂面斜切,其截交线是一个三角形。三角形各顶点为棱线 SA 与截平面的交点和水平截平面与正垂截平面的交点,其正面投影与截平面的正面投影重合,只需求作截交线的水平投影和侧面投影。具体作图步骤如下所述:

(1)D 点位于棱线 SA 上,其水平投影 d 可由其正面投影作投影连线求出,再根据 d′、d 求出 d″。由于 DE、DF 必分别平行于底边 AB 和 AC。根据平行线投影规律,作 de、df 分别平行于底边 ab 和 ac,再根据投影规律由 e′、f′可求得 e、f 点,由 e′、f′和 e、f 可求出侧面投影 e″、f″,如图 3-14(b)所示。

(2)同样 G 点也位于棱线 SA 上,其水平投影 g 可由其正面投影 g′作投影连线求出,也可根据 g′和 g 求出 g″。依次连接 d、e、g、f、d 和 d″、e″、g″、f″、d″点即可得截交线的水平投影和侧面投影。EF 为两个切平面的交线,连接 ef 即为其水平投影,从上往下看为不可见,故为虚线;e″f″与水平截面的侧面投影重合,如图 3-14(c)所示。

(3)整理描深,完成作图。由于棱锥被切去的是左、上部分,故其截交线的水平投影和侧面投影均可见,如图 3-14(d)所示。

3.2.2 回转体的截交线

平面与回转体相交产生的截交线一般是封闭的平面曲线,也可能是由曲线与直线围成的平面图形,其形状取决于截平面与回转体的相对位置。求回转体的截交线的投影,就是求截平面与回转体表面的共有点的投影,然后把各点的同名投影依次光滑连接起来。

当截平面或回转体的表面垂直于某一投影面时,则截交线在该投影面上的投影具有积聚性,可直接利用面上取点的方法作图。

3.2.2.1 圆柱的截交线

平面截切圆柱时,根据截平面与圆柱轴线的相对位置不同,其截交线有 3 种不同的形状,见表 3-1。

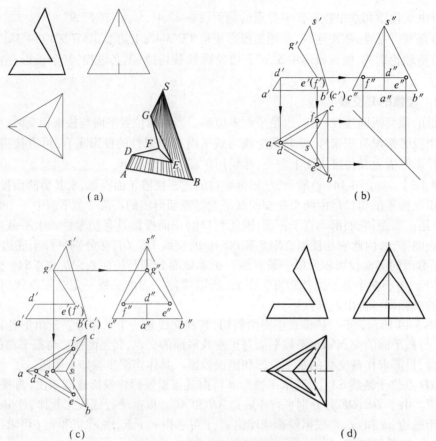

图 3-14 带切口正三棱锥的投影

表 3-1 平面与圆柱的截交线

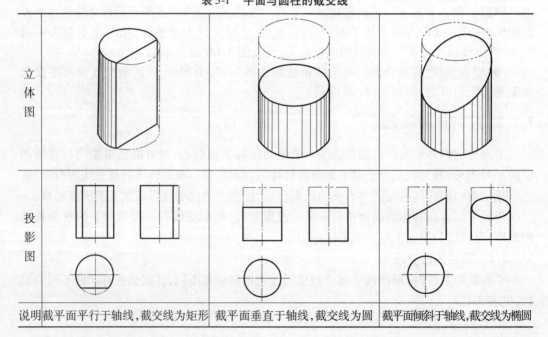

第3章 立体的投影及表面交线

【例3-3】 如图3-15(a)所示,求圆柱被正垂面截切后的截交线投影。

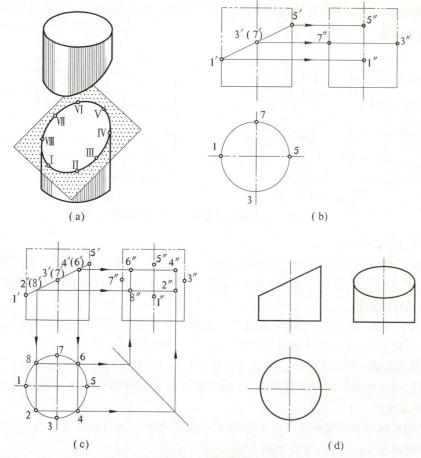

图3-15 圆柱的截交线

截平面与圆柱的轴线倾斜,故截交线为椭圆。此椭圆的正面投影积聚为一直线;由于圆柱面的水平投影积聚为圆,而椭圆位于圆柱面上,故椭圆的水平投影与圆柱面水平投影重合;椭圆的侧面投影是它的类似形,仍为椭圆。可根据投影规律由正面投影和水平投影求出侧面投影。

作图步骤如下所述:

(1)求特殊点。先找出截交线上特殊点的正面投影1′、5′、3′、7′,它们是圆柱的最左、最右以及最前、最后素线上的点,也是椭圆长、短轴的四个端点。作出其水平投影1、5、3、7,侧面投影1″、5″、3″、7″,如图3-15(b)所示。

(2)再作出适当数量的一般点。在正面投影上选取2′、4′、6′、8′,根据圆柱面的积聚性,找出其水平投影2、4、6、8,由点的两面投影作出侧面投影2″、4″、6″、8″,如图3-15(c)所示。

(3)将这些点的侧面投影依次光滑地连接起来,就得到截交线的三面投影,如图3-15(d)所示。

【例3-4】 如图3-16(a)所示,补全接头的正面投影和水平投影。

该圆柱轴线为侧垂线,其侧面投影为圆。因此,圆柱表面上点的侧面投影都积聚在该圆周上,为可知。接头左端的槽由两个平行于轴线的正平面 P、Q 和一个垂直于轴线的侧平面 R 切割而成。

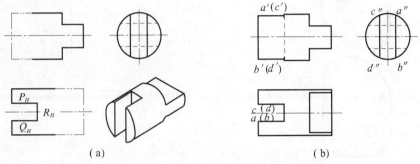

图 3-16 补全接头的正面投影和水平投影

作图步骤如下所述:

(1)截平面 P、Q 与圆柱面的交线是四条平行的素线(侧垂线),它们的侧面投影分别积聚成点 a''、b''、c''、d'',且位于圆周上;水平投影中交线分别重合在 P_H、Q_H 上,根据两面投影可作出其正面投影。

(2)截平面 R 与圆柱的交线是两段平行于侧面且夹在平面 P、Q 之间的圆弧,它们的侧面投影反映实形,并与圆柱面的侧面投影重合,正面投影积聚成一条直线。

(3)整理轮廓,判别可见性。左端槽使得圆柱最上、最下两条素线被截断。所以,正面投影只保留这两条转向轮廓线的右边,截平面 R 的正面投影在4条交线中间的部分不可见,故画成虚线。

接头的右端可看作被两个上下对称的水平面和两个上下对称的侧平面切割而成,做法与左端槽口相类似,最后结果如图 3-16(b)所示。

3.2.2.2 圆锥的截交线

由于截平面与圆锥轴线的相对位置不同,平面截切圆锥形成的截交线有5种情况,见表 3-2。

表 3-2 平面与圆锥面的交线

截平面的位置	过锥顶	不过锥顶			
		$\theta = 90°$	$\theta > \alpha$	$\theta = \alpha$	$\theta < \alpha$
截交线的形状	相交两直线	圆	椭圆	抛物线	双曲线
立体图					

续表 3-2

截平面的位置	过锥顶	不过锥顶			
		$\theta = 90°$	$\theta > \alpha$	$\theta = \alpha$	$\theta < \alpha$
投影图					

【例 3-5】 如图 3-17(a)所示,画出圆锥体被正垂面截切后的水平投影和侧面投影。由于截平面倾斜于圆锥的轴线,故截交线为椭圆。因为截平面正面投影积聚为直线,

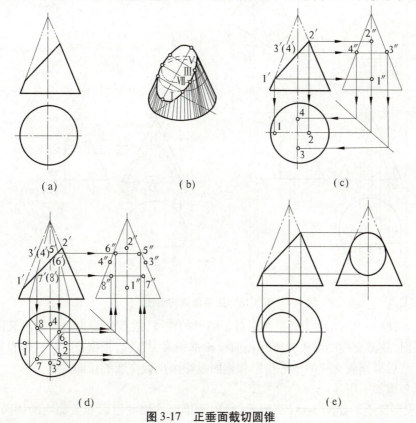

图 3-17 正垂面截切圆锥

所以截交线的正面投影与截平面的正面投影重合,故截交线的正面投影已知。如图3-17(b)所示,截交线上的点是截平面和圆锥表面的公共点。可在截交线上确定特殊点和一般点,这些点是圆锥表面点,可用圆锥表面取点的方法画出。

作图步骤如下所述:

(1)求特殊点。如图3-17(c)所示,在正面投影中定出截交线上的转向轮廓点1′、2′、3′、4′;根据正面投影画出水平投影1、2、3、4和侧面投影1″、2″、3″、4″。

(2)求一般点。如图3-17(d)所示,在正面投影1′3′之间任取一对一般点7′、(8′);用素线法画出水平投影7、8和侧面投影7″、8″。同理,在2′、3′之间任取一对一般点5′、(6′);用素线法画出水平投影和侧面投影5″、6″。

(3)判别可见性、连线并整理轮廓线。如图3-17(e)所示,水平投影连成可见的椭圆,侧面投影连成可见的椭圆。

【例3-6】 如图3-18(a)所示,已知圆锥被正平面截切,求其圆锥的水平投影和侧面投影。

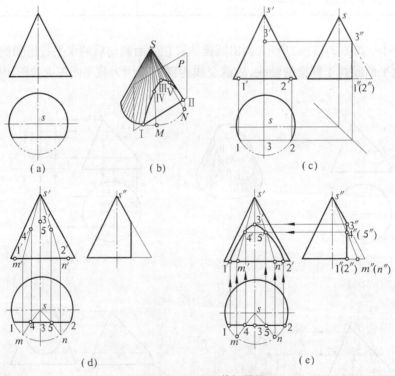

图3-18 正平面截切圆锥

如图3-18(b)所示,由于截平面平行于圆锥的轴线,故截交线为双曲线。又因为截平面为正平面,故截交线的水平投影和侧面投影都积聚为直线,根据投影特性可直接画出侧面投影。然后根据截交线的水平投影和侧面投影画出截交线的正面投影。

作图步骤如下所述:

(1)求特殊点。如图3-18(c)所示,画出圆锥面的侧面投影和截交线的侧面投影;在水平投影和侧面投影中定出截交线上的最低点(底圆上的点)1′、2′和1″、2″;确定最高点

(转向轮廓线上的点 3′和 3″)。根据水平投影和侧面投影定出正面投影 1′、2′、3′。

(2)求一般点。如图 3-18(d)所示,在水平投影任取一般点 4、5;用素线法画出正面投影 4′、5′(因为侧面投影已知,也可以不作)。

(3)判别可见性、光滑连线。如图 3-18(e)所示,正面投影按点的顺序 1′4′3′5′2′依次连成可见的曲线。

3.2.2.3 圆球的截交线

圆球被平面所截,截交线均为圆。由于截平面的位置不同,其截交线的投影可能为直线、圆或椭圆。

(1)当截平面平行于投影面时,截交线在该投影面上的投影反映圆的真形,其他两面投影积聚为平行于投影轴的线段,线段的长度等于圆的直径,如图 3-19 所示。

(2)当截平面垂直于一个投影面时,截交线在该投影面上的投影积聚为直线段,线段的长度等于圆的直径,其他两面投影为椭圆,如图 3-20 所示。

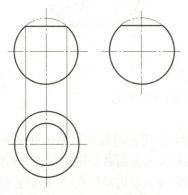

图 3-19 水平面与球相交

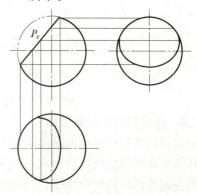

图 3-20 正垂面与球相交

【例 3-7】 如图 3-21(a)所示,补全半球开槽的水平投影和侧面投影。

球表面的凹槽由两个侧平面 P、Q 和一个水平面 R 切割构成,截平面 P、Q 各截得一段平行于侧面的圆弧,而截平面 R 则截得前后各一段水平的圆弧,截平面之间的交线为正垂线。

作图步骤如下所述:

(1)以 a'、b' 为半径作出截平面 P、Q 的截交线圆弧的侧面投影(两平面重合),它与截平面 R 的侧面投影交于 1″、2″,根据 1′、2′和 1″、2″作出 1、2,直线 12 即为截平面 P 的水平面积聚投影。同理,作出截平面 Q 的水平投影。

(2)以 $c''d''$ 为半径作出截平面 R 的截交线圆弧的水平投影。

(3)整理轮廓,判别可见性。球侧面投影的转向轮廓线处在截平面 R 以上的部分为截切,不必画出。截平面 R 的侧面投影处在 1″、2″之间的部分被半部分球面所挡,故画虚线。作图结果如图 3-21(c)所示。

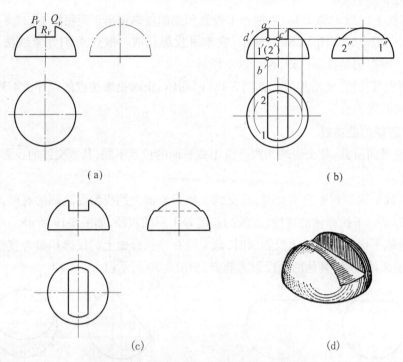

图 3-21 开槽圆球的水平投影和侧面投影

3.2.2.4 组合回转体的截交线

组合回转体是由基本回转体同轴组合而成。因此,组合回转体表面的截交线是由基本回转体表面的截交线组合而成。在求截交线时,首先要分析各基本回转体的几何性质,并定出各基本回转体的分界线,分别做出各基本回转体表面的截交线,然后把它们连接在一起,就是组合回转体表面的截交线。

【例 3-8】 如图 3-22 所示,已知主视图,求做顶尖左端的截交线的投影。

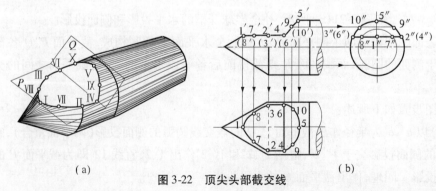

图 3-22 顶尖头部截交线

从顶尖的立体图可看出,顶尖头部是由圆锥和圆柱同轴组合而成的,被水平面 P 和正垂面 Q 所截切。截交线由三部分组成:水平截平面截切圆锥面截得双曲线,截切圆柱面得两平行于轴线的直线段,正垂截面截切圆柱截得椭圆弧。截交线的正面投影和侧面投影都有积聚性,只需要作出水平投影。

作图步骤如下所述(见图 3-22(b)):

（1）求特殊点。在正面投影和侧面投影中定出圆锥面上三个特殊点 1′、2′、3′和 1″、2″、3″；定出圆柱面上三个特殊点 4′、5′、6′和 4″、5″、6″。由正面投影和侧面投影画出水平投影 1、2、3、4、5、6。

（2）求一般点。在正面投影中定出圆锥面上的一般点 7′、8′；用辅助围圆的方法画侧面投影 7″、8″和水平投影 7、8。在正面投影和侧面投影中定出圆柱面上的一般点 9′、10′和 9″、10″；由正面投影和侧面投影画出水平投影 9、10。

（3）各点依次连线，整理轮廓线，画出水平投影两截平面的交线 46。

3.2.2.5 切割体的尺寸标注

被切割几何形体的尺寸标注，除标注几何体的尺寸外，还应标注截平面的位置尺寸。

（1）棱柱切割体的尺寸标注。棱柱切割体的尺寸标注，首先标注棱柱的基本尺寸，即底面形状尺寸和高度尺寸，然后标注截平面的位置尺寸。如图 3-23（a）所示，正五棱柱的尺寸为 $\phi30$ 和 32，截平面位置的尺寸为 18。

（2）回转切割体的尺寸标注。回转切割体的尺寸标注，首先标注回转体基本尺寸，然后标注切割位置尺寸。如图 3-23（b）所示，圆柱尺寸为 $\phi25$ 和 32，截切位置尺寸为 20。如图 3-23（c）所示，圆柱尺寸为 $\phi25$ 和 32，截切位置尺寸为 8 和 10。如图 3-23（d）所示，圆球尺寸为 $S\phi30$，截切位置尺寸为 24。如图 3-23（e）所示，半球尺寸为 $SR20$，截切位置尺寸为 10、10。

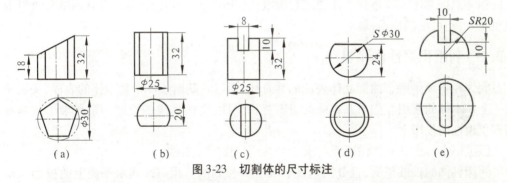

图 3-23 切割体的尺寸标注

需要注意的是，由于截交线是截切后自然形成的，所以截交线上不应该标注尺寸。

3.3 两回转体的表面交线——相贯线

两个基本体相交（或称相贯），表面产生的交线称为相贯线。本节只讨论最为常见的两个回转体相交的问题，如图 3-24 所示。

相贯线的性质有以下两点：

（1）相贯线是两个曲面立体表面的共有线，也是两个曲面立体表面的分界线。相贯线上的点是两个曲面立体表面的共有点。

（2）两个曲面立体的相贯线一般为封闭的空间曲线，特殊情况下可能是平面曲线或直线。

根据相贯线的基本性质，求相贯线的实质就是求两立体表面上的一系列共有点。求

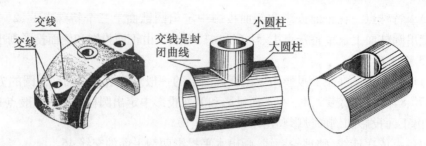

图 3-24　相交两回转体的表面交线

相贯线的步骤如下所述：

（1）空间分析。根据相贯体的投影图想象出相贯体的形状、大小和相对位置；分析出相贯体与投影面的相对位置，并判明相贯线的形状和范围；分析出相贯体是全贯还是互贯以及投影点，从而确定求相贯线的作图方法。

（2）作图步骤。①确定相贯线上的特殊点：即能确定相贯线的投影范围和变化趋势的点，如各回转体转向轮廓上的点，相贯线上的最高点、最低点、最左点、最右点、最前点、最后点等。②确定相贯线上的一般点：在两个距离远的特殊点之间确定适当的一般点。③判别可见性连线：可见性的判别原则是只有当一段相贯线同时位于两立体可见表面时，这段相贯线的投影才是可见性的，否则就是不可见的。连线的原则是同面投影中，相贯线上的相邻点按顺序光滑连接。④整理轮廓线：对于两相贯体的轮廓线，存在的部分可见描成粗实线；不可见描成虚线。

3.3.1　利用积聚性作相贯线

因为相贯线是两个曲面立体表面的共有线，所以它既属于一个基本体的表面，又属于另一个基本体的表面。如果基本体的投影有积聚性，则相贯线的投影一定积聚于该基本体有积聚性的投影上。

【例 3-9】　如图 3-25（a）所示，求正交两圆柱体的相贯线。

两圆柱体的轴线正交，且分别垂直于水平面和侧面。相贯线在水平面上的投影积聚在小圆柱水平投影的圆周上，在侧面上的投影积聚在大圆柱侧面投影的圆周上，故只需求作相贯线的正面投影。

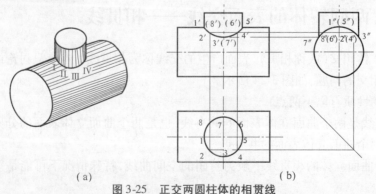

图 3-25　正交两圆柱体的相贯线

作图步骤如下所述(见图3-25(b)):

(1)求特殊点。根据相贯线的已知两投影,可直接作出相贯线最左点$1'$、最右点$5'$、最前点$3'$和最后点$7'$。

(2)求一般点。可在左视图最高点和最低点中间任取一般点$2''$、$4''$、$6''$、$8''$。根据投影规律可确定出2、4、6、8和$2'$、$4'$、$6'$、$8'$。

(3)判别可见性。相贯线的正面投影$1'$、$2'$、$3'$、$4'$、$5'$可见,连成粗实线;$6'$、$7'$、$8'$不可见。

(4)整理轮廓线。由于相贯线的正面投影前后对称,后面虚线不必画出。

圆柱与圆柱相贯或在圆柱上作孔,在机械零件中经常遇到,下面介绍此时的各种相贯线形状以及投影规律。

圆柱体如果有孔,该立体有内表面和外表面之分,所以圆柱轴线垂直相贯分以下三种情况:

(1)如图3-26(a)所示,两圆柱外表面相贯(柱与柱)。

(2)如图3-26(b)所示,外表面与内表面相贯(柱与孔)。

(3)如图3-26(c)所示,内表面与内表面相贯(孔与孔)。

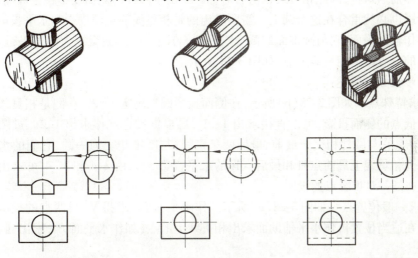

(a)两圆柱外表面相贯　　(b)外表面与内表面相贯　　(c)内表面与内表面相贯

图3-26　两圆柱正交的三种形式

从上面相贯线的形状与投影规律来看,三者之间没有任何差别。所以,在作图时,为了便于分析,一般可以把圆柱孔看成圆柱来作相贯线。

3.3.2　辅助平面法作相贯线

以平面为辅助截面,同时与两相贯体相交,求公共点的方法称辅助平面法。当两相贯体的相贯线不能用积聚法直接画出时,则需要选择该方法求解。

(1)辅助平面法原理。所谓辅助平面法,就是在两基本体相交的部分,用辅助平面分别截切两基本体得出两组截交线,此两组截交线的交点即为相贯线上的点。这些点既属于两基本体表面,又属于辅助平面,即三面共点。图3-27示出了这种作图方法的原理。

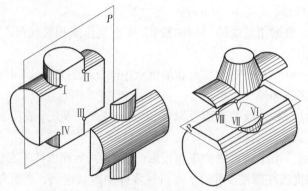

图 3-27 辅助平面法求相贯线投影的作图原理

(2)辅助平面的选择原则。①辅助平面应与两相贯体同时相交。②辅助平面法应为投影面的平行面。③辅助平面与两相贯体的截交线投影应为直线或圆。

【例 3-10】 如图 3-28(a)所示,求作圆柱与圆锥相交的相贯线。

圆柱与圆锥轴线垂直相交,圆柱全部穿进左半圆锥,相贯线为封闭的空间曲线。由于这两个立体前后对称,因此相贯线也前后对称。又由于圆柱的侧面投影积聚成圆,相贯线的侧面投影也必然重合在这个圆上。需要求出的是相贯线的正面投影和水平投影。可选择水平面作辅助平面,它与圆锥面的截交线为圆,与圆柱面的截交线为两条平行的素线,圆与直线的交点即为相贯线上点,如图 3-28 所示。

作图步骤如下所述:

(1)求特殊点。如图 3-28(b)所示,在侧面投影圆上确定 $1''$、$2''$,它们是相贯线上的最高点和最低点的侧面投影,可以直接求出 $1'$、$2'$,再根据投影规律求出 1、2。过圆柱轴线作水平面 P_1,它与圆柱相交于最前、最后两条素线;与圆锥相交为一圆,它们的水平投影的交点即为相贯线上最前点Ⅲ和最后点Ⅳ的水平投影 3、4,由 3、4 和 $3''$、$4''$ 可求出正面投影 $3'$、$4'$,这是一对重影点的投影。

(2)求一般位置点。如图 3-28(c)所示。作水平面 P_2,求得Ⅴ、Ⅵ两点的投影。需要时还可以在适当位置再作水平辅助面求出相贯线上的点(如作水平面 P_3,求出Ⅶ、Ⅷ两点的投影)。

(3)依次连接各点的同面投影,根据可见性判别原则可知,水平投影中 3、7、2、8、4 点在下半个圆柱面上,不可见,故画成虚线,其余画实线,如图 3-28(d)所示。

【例 3-11】 如图 3-29(a)所示,求圆锥台与半圆球的相贯线。

从投影图可知,两相贯体的三个投影均无积聚性,必须采用辅助平面法求相贯线。下面分析辅助平面的作法:

(1)求相贯线上的最前点Ⅲ和最后点Ⅳ。

过Ⅲ、Ⅳ两点作辅助平面 P:

①若 P 是侧平面(见图 3-29(b)),则 P 和圆锥台的交线为两直线,和半球的交线为圆,符合辅助平面的选择原则,可行。

②若 P 是水平面,因为不知道Ⅲ、Ⅳ两点的高度,不可行。

③若 P 是正平面,则 P 和圆锥台的交线为双曲线,不符合辅助平面的选择原则。

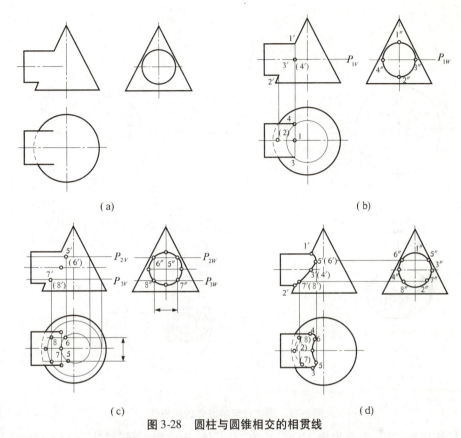

图 3-28　圆柱与圆锥相交的相贯线

经过以上分析,过Ⅲ、Ⅳ两点所作的辅助平面 P 一定是侧平面。

(2)求相贯线上的一般点Ⅴ和Ⅵ。

过Ⅴ、Ⅵ两点(高度任取)作辅助平面 Q:

①若 Q 是侧平面,则 Q 和圆锥台的交线为双曲线,不符合辅助平面的选择原则。

②若 Q 是正平面,则 Q 和圆锥台的交线为双曲线,也不符合辅助平面的选择原则。

③若 Q 是水平面(见图 3-29(c)),则 Q 和两相贯体的交线均为圆,符合辅助平面的选择原则。

经过以上分析,过Ⅴ、Ⅵ两点所作的辅助平面 Q 一定是水平面。

作图步骤如下所述(见图 3-29(d)):

(1)求特殊点。根据两回转体的投影特征,可定出正面投影 1′、2′与水平投影 1、2 及侧面投影 1″、2″。作辅助平面 P_V,与半圆球的交线在侧面投影为圆弧,与圆锥台的交线侧面投影为通过锥顶的直线,得侧面投影 3″、4″。根据投影关系画出正面投影 3′、4′,水平投影 3、4。

(2)求一般点。在正面投影中作辅助平面 Q_V,辅助平面与圆锥的交线水平投影为圆,与半圆球的交线水平投影为圆;画出水平投影的两个圆弧,其交点即为一般点 5、6;定出正面投影 5′、6′,侧面投影 5″、6″。

(3)判别可见性连线。在正面投影中,1′、3′、5′、2′可见,连成粗实线;水平投影各点

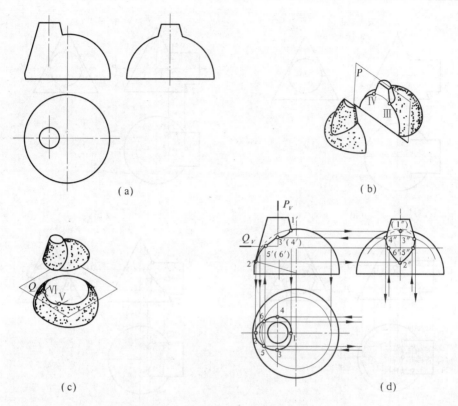

图 3-29　圆锥台与半球体的相贯线

均可见,连成粗实线;侧面投影 4″、6″、2″、5″、3″ 可见,连成粗实线,3″、1″、4″ 不可见,连成虚线。

(4) 整理轮廓线。在正面投影中,半球 1′4′6′2′ 之间轮廓线是虚线和 1′3′5′2′ 实线重合,不必画出;在侧面投影中,半球的轮廓线存在,但是不可见,连成虚线。

3.3.3　相贯线的特殊情况

两回转体相交时,在特殊情况下,相贯线可能是平面曲线或直线段。它们常常可根据两相交回转体的性质、大小和相对位置直接判断,可以简化作图。

两回转体的相贯线为平面曲线的常见情况有以下两种:

(1) 两相交回转体同轴时,它们的相贯线一定是和轴线垂直的圆,而且当回转体的轴线平行于投影面时,这些圆在该投影面上的投影为垂直于轴线的直线段,相贯线就可以直接求得。图 3-30 所示为轴线都平行于正面的同轴回转体相交的例子。

(2) 当轴线相交的两圆柱或圆柱与圆锥公切于一个球面时,相贯线是椭圆。椭圆所在的平面垂直于两条轴线所决定的平面,如图 3-31 所示。

3.3.4　相贯线的近似画法

相贯线的作图步骤较多,如对相贯线的准确性无特殊要求,当两圆柱垂直正交且直径

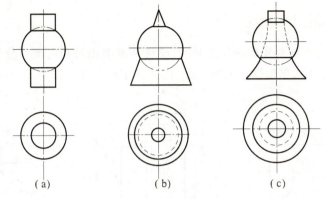

图 3-30 同轴回转体的相贯线

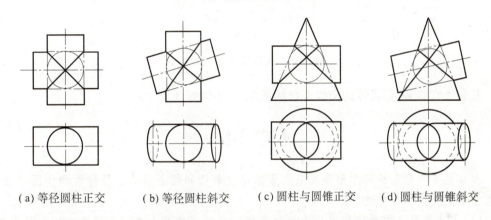

(a) 等径圆柱正交　　(b) 等径圆柱斜交　　(c) 圆柱与圆锥正交　　(d) 圆柱与圆锥斜交

图 3-31 切于一球的圆柱与圆柱、圆锥与圆柱的相贯线

有相差时,可采用圆弧代替相贯线的近似画法。如图 3-32 所示,垂直正交两圆柱的相贯线可用大圆柱的 $D/2$ 为半径作圆弧来代替。

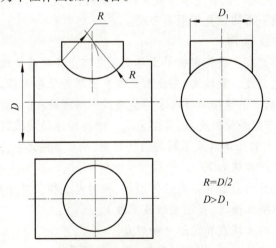

$R=D/2$
$D>D_1$

图 3-32 相贯线的近似画法

3.3.5 相贯体的尺寸标注

相贯体的尺寸标注要先确定尺寸基准,圆柱基准为轴线和底面。分别标柱回转体的直径尺寸(定形尺寸),再根据选定的基准,标注出定位尺寸。图3-33 示出了相贯体的一般标注方法。

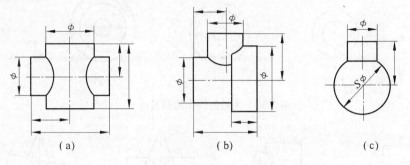

图 3-33 相贯体的尺寸标注

需要注意的是,相贯体的交线是自然形成的,不能标注尺寸。

本章小结

本章主要研究各种基本形体及基本形体经过截切和组合后的投影特性和作图方法。难点在于截交线和相贯线。

(1)基本立体。基本立体可分为平面立体和曲面立体两大类。平面立体的表面由平面构成,如棱柱和棱锥;曲面立体的表面由曲面或曲面和平面构成,如常见回转体中的圆柱、圆锥、圆球、圆环等。绘制平面立体的投影,就是绘制组成平面立体各平面的投影。

(2)截交线。截交线的性质是求作截交线的基础,应充分理解,截交线的类型及形状根据立体的形状和截平面的位置不同而不同。

求作截交线的方法如下:

① 平面立体的截交线。就是求截平面与平面立体上各被截棱线的交点的投影。

② 曲面立体的截交线。素线法:在曲面立体表面取若干条素线,并求出这些素线与截平面的交点,将其依次光滑连接即得所求的截交线。纬圆法:在曲面立体表面取若干个纬圆,并求出这些纬圆与截平面的交点,将其依次光滑连接即得所求的截交线。

(3)相贯线。不同的立体以及不同的相贯位置,相贯线的形状不同。

求作相贯线的一般步骤如下:

① 分析。首先分析两曲面立体的几何形状、相对大小和相对位置,进一步分析相贯线是空间曲线还是处于特殊情况(平面曲线或直线)。

② 求作相贯线上的特殊点和若干个一般点。

③ 光滑且顺次地连接各点,作出相贯线,并判断可见性。

④ 补全可见与不可见部分的轮廓线或转向轮廓素线。

第4章 组合体的投影分析

【本章导读】
　　任何复杂的形体都可以看成是由一些基本的形体按照一定的方式组合而成的。由两个或两个以上基本体所组成的复杂形体，称为组合体，它是相对于基本立体而言的。组合体是工程形体的基本模型，是绘制、阅读机械图的基础。本章主要介绍组合体的画法、尺寸标注和读图的方法。为机械形体的表达及机械图样的阅读奠定基础。学习本章时应特别注意形体分析法在绘图中的运用，并注意对空间思维和空间想象力的培养。

【学习目标】
　　理解组合体模型形成及其分类。
　　了解组合体的尺寸标注。
　　掌握组合体的形体分析，组合体三视图的画法，组合体的读图。
　　由模型或轴测图画三视图，由两个视图联想形体补画第三视图。

4.1 组合体的组合形式及表面连接关系

4.1.1 组合体的组合形式

　　组合体的组合形式一般可分为叠加型、切割型和既有叠加又有切割的综合型三种。
　　(1)叠加型。由几个简单形体叠加而形成的组合体称为叠加型组合体。如图4-1(a)是由圆柱体1与四棱柱板2堆积而成的组合体。

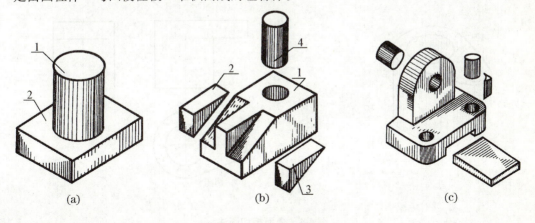

图4-1 组合体的组成形式

　　(2)切割型。一个基本体被切去某些部分后形成的组合体称为切割型组合体。如

图 4-1(b)是由四棱柱 1 切去三棱柱 2、3,并挖去圆柱体 4 而成的组合体。

(3)综合型。既有切割又有叠加而形成的组合体称为综合型组合体。如图 4-1(c)所示,这种组合形式既有叠加又有切割。综合型组合体是组合体最常见的组合形式。

4.1.2　组合体的表面连接关系

在叠加型组合体中,相邻形体表面间的相互关系可分为平齐(或相错)、相切、相交三种。在绘图时应注意正确处理表面分界线的投影。

(1)表面平齐(或相错)。如图 4-2 和图 4-3 所示的两个组合体均可看作是由两个基本体叠加而成的。画图时,可按其相对位置分别画出各基本体的投影。但应注意的是,当两形体的表面平齐时,中间不应该画线,如图 4-2(b)所示;当两形体的表面相错时,中间应该画线,如图 4-3(b)所示。

(2)表面相切。相切的两个形体连接处是光滑的,相切处不应有分界线,视图中不应画线。图 4-4(a)中的物体是由圆筒和耳板组成的。耳板的前后表面与圆筒表面相切。画图时,切线只画到切点处,两面相切处不应线,如图 4-4(b)所示。

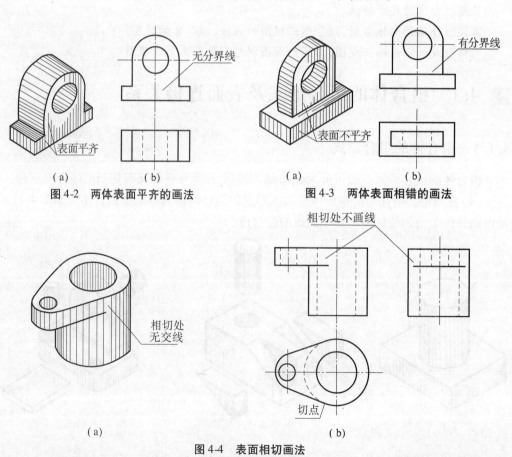

图 4-2　两体表面平齐的画法　　　　图 4-3　两体表面相错的画法

图 4-4　表面相切画法

(3)表面相交。当两物体相邻表面相交时,在相交处产生的交线是两形体表面的相贯线,因此画图时要画出交线。如图 4-5、图 4-6 所示为两形体相交情况下图形的画法。

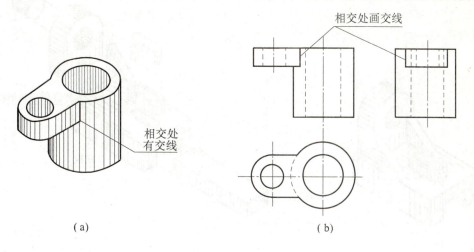

图 4-5 表面相交画法

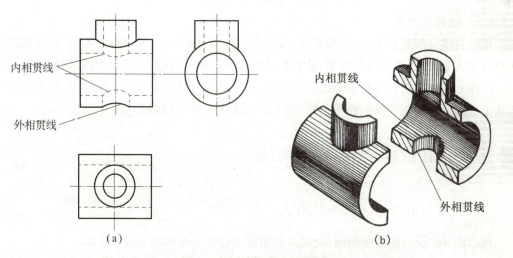

图 4-6 孔、孔相交时相贯线画法

4.1.3 组合体的分析方法

4.1.3.1 形体分析法

在组合体的画图、读图和尺寸标注过程中,通常假想把组合体分解成若干个基本几何体,搞清楚各基本形体的形状、相对位置、组合形式和表面连接关系,这种方法称为形体分析法。

在画组合体三视图时,可采用"先分后合"的方法,即先想象将组合体分解成若干个基本几何体,然后按其相对位置逐个画出各基本体的投影,综合起来,即得到整个组合体的视图。如图 4-7 所示的机座,运用这种分析方法可以把机座分解成为底板、拱形板、直角三角形板和长圆柱四个组成部分,这些组成部分通过叠加和切割等方式组合成了机座。通过化整为零的分析,可以使复杂问题简单化。

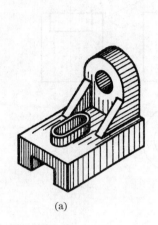 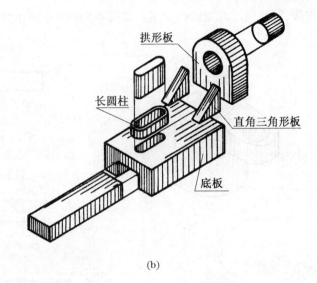

图 4-7 机座的形体分析

4.1.3.2 线面分析法

把组合体分解成若干个面,根据线、面的投影特点,逐个分析各个面的形状、面与面的相对位置关系,以及各交线的性质,从而想象组合体的形状,这种方法称为线面分析法。

形体分析法和线面分析法是组合体画图、读图和尺寸标注的基本方法。其中,形体分析法主要用于叠加组合体的绘图分析,线面分析法主要用于切割组合体的绘图分析。

4.2 组合体三视图的画法

4.2.1 叠加型组合体三视图的画法

现以图 4-8 所示轴承座为例,说明画叠加型组合体三视图的方法与步骤。

(1)形体分析。画图前,要对组合体进行形体分析,弄清各部分形状、相对位置、组合形式及表面连接关系等。该轴承座由底板、支承板、肋板和圆筒四部分组成。支承板和肋板位于底板上方,肋板与支承板前面接触;圆筒由支承板和肋板支撑;底板、支承板后面平齐,整体左右对称。

(2)选择主视图。主视图是图形表达里面最主要的视图。选择主视图的原则是:特征性强,可见性好,自然放置原则。一般应选择能较明显地反映组合体各组成部分形状和相对位置的方向作为主视图的投射方向,并力求使物体上主要平面平行于投影面,以便投影获得实形,同时考虑物体应按正常位置安放,自然平稳,并兼顾其他视图表示的清晰性。图 4-8(a)中的轴承座沿箭头方向投射所得视图作为主视图较能满足上述要求。主视图选定之后,俯视图和左视图也就随之确定。但并不是所有物体都需要画三视图,应根据具体的情况而定。

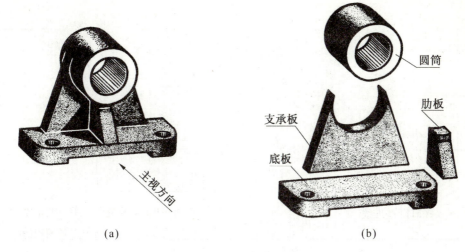

图 4-8　轴承座的形体分析

（3）选比例、定图幅。视图确定后,要根据实物大小和复杂程度,按标准规定选择作图比例和图幅。一般情况下,尽可能选用 1∶1。确定图幅大小时,除考虑绘图所需幅面外,还要留够标注尺寸和画标题栏的位置。

（4）布置视图,画出作图基准线。布置视图,应根据各个视图的大小,视图间应留有足够的标注尺寸的空当以及画标题栏的位置等。各视图位置确定后,用细点画线或细实线画出各视图的作图基准线(作图基准线一般为底面、对称面、重要端面、重要轴线等),再将视图匀称地布置在幅面上,如图 4-9(a)所示。

（5）画底稿。画图要点:①分清主次,先画主要部分,后画次要部分。②在画每一部分时,先画反映该部分特征的视图,后画其他视图。③严格按照投影关系,三个视图配合起来画出每一部分的投影。依次画出每个简单形体的三视图,如图 4-9(b)～(e)所示。

为了正确而迅速地画出组合体三视图,画底稿时应注意以下几点。

①为保证三视图之间相互对正,提高画图速度,减少差错,应用形体分析法分析每一个形体,尽可能把同一形体的三面投影联系起来作图,并依次完成各组成部分的三面投影。不要孤立地先完成一个视图,再画另一个视图。

②先画主要形体,后画次要形体;先画各形体的主要部分,后画次要部分;先画可见部分,后画不可见部分。

③应考虑到组合体是各个部分组合起来的一个整体,作图时要正确处理各形体之间的表面连接关系。

（6）检查描深。画完全图底稿后,要仔细校核,改正错误,补全缺漏图线,擦去多余作图线,然后按标准线型描深,如图 4-9(f)所示。

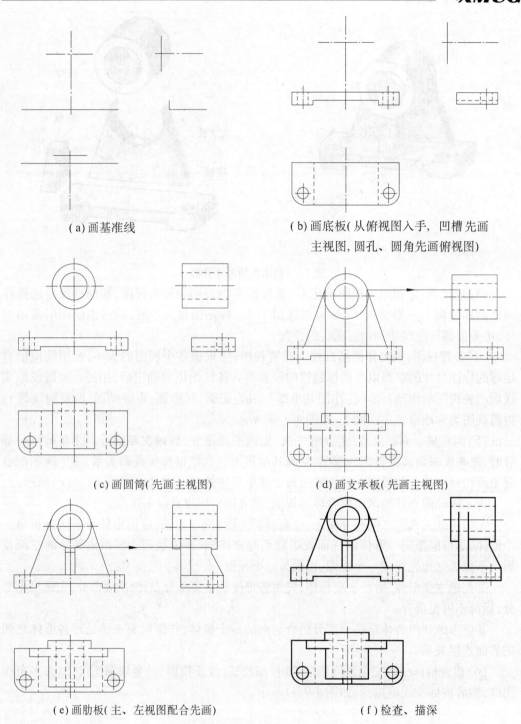

图 4-9 轴承座的画图步骤

4.2.2 切割型组合体三视图的画法

切割型组合体可以看成是由一个基本体被切去某些部分后形成的。下面以图 4-10 垫块为例说明切割型组合体三视图的画法。

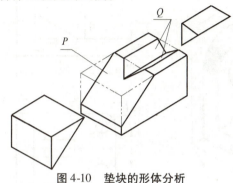

图 4-10 垫块的形体分析

图 4-10 所示垫块可分析为一个长方体被正垂面 P 切去左上角,再被两个侧垂面 Q 切出 V 形槽。

垫块的画图步骤如图 4-11 所示。

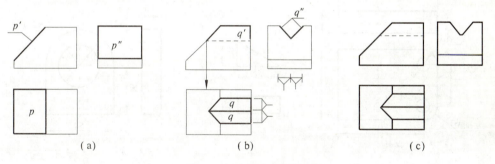

图 4-11 垫块三视图作图步骤

画切割型组合体时应注意的事项有以下几点:
(1)作每个截面的投影时,应先从具有积聚性的投影开始。如画由正垂面 P 截出的图形时,先画出其正面投影;画由侧垂面 Q 形成的切口时,先画切口的侧面投影。
(2)注意截面投影的类似性。如图 4-11(c)所示俯视图和左视图中 V 形表面的类似性。

4.3 组合体的尺寸标注

4.3.1 尺寸基准

尺寸基准就是标注尺寸的起始点。组合体有长、宽、高三个方向的尺寸,所以每个方向至少都应选择一个尺寸基准。基准的确定应体现组合体的结构特点,一般选择组合体的对称平面、底面、重要端面以及回转体轴线等作为尺寸基准,如图 4-12(a)所示。

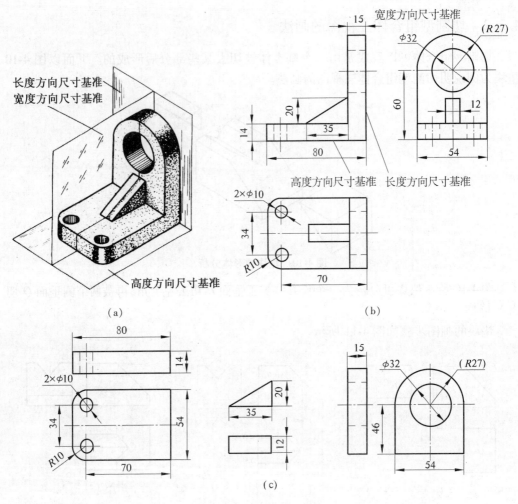

图 4-12 支架的尺寸分析

基准选定后,各方向的主要尺寸应从相应的尺寸基准出发进行标注。如图 4-12(b) 所示,俯、左视图中的尺寸 70、54、60,分别是从长、宽、高三个方向的基准进行标注的。

4.3.2 尺寸种类

(1)定形尺寸。确定组合体各组成部分形状和大小的尺寸。如图 4-12(a)所示的支架是由底板、竖板和肋板三部分组成的。其底板的定形尺寸为长 80、宽 54、高 14、圆角 R10 以及板上两圆柱孔直径 φ10;竖板的定形尺寸为长 15,圆孔直径 φ32,圆弧半径 R27;肋板的定形尺寸为长 35、宽 12、高 20,见图 4-12(c)。

(2)定位尺寸。确定组合体各组成部分相对位置的尺寸。如图 4-12(b)所示,左视图中的尺寸 60 是竖板孔 φ32 高度方向的定位尺寸,俯视图中的尺寸 70、34 分别是底板上两圆孔的长度方向和宽度方向的定位尺寸。由于竖板与底板、肋板与底板前后对称、相互接触,竖板与底板右面平齐,它们之间的相对位置均已确定,无须再标注其他定位尺寸。

(3)总体尺寸。表示组合体外形总长、总宽、总高的尺寸。如图 4-12(b)所示,底板的长度尺寸 80 即为总长尺寸,底板宽度尺寸 54 即为总宽尺寸,尺寸 60 和 R27 决定了支架的总高尺寸。

当组合体的端部为回转体时,一般不直接注出该方向的总体尺寸,而是由确定回转体轴线的定位尺寸加上回转面的定形尺寸来间接体现的。例如支架的总高尺寸没有直接注出,而是通过尺寸 60 和 R27 相加来反映的。

4.3.3 尺寸标注的基本要求

在组合体视图上标注尺寸,必须做到正确、完整、清晰、合理。

(1)正确。所注尺寸必须符合国家标准中有关尺寸注法的规定。

(2)完整。所注尺寸要完整,要能完全确定出物体的形状和大小,不遗漏,不重复,即尺寸不多、不少。因此,运用形体分析法或者线面分析法逐一注出各基本体的定形尺寸、各基本体之间的定位尺寸以及组合体的总体尺寸。

(3)清晰。标注尺寸的安排应适当,以便于看图、寻找尺寸和使图面清晰,因此应注意的问题有:①应尽量将尺寸注在视图外面,与两视图有关的尺寸,最好标注在两视图之间,如图 4-13 中的尺寸 45。②同一形体的定形、定位尺寸要集中标注,且标注在反映该形体的形状和位置特征明显的视图上,如图 4-13 中的尺寸 16、10、18、11 等。③同轴回转体的直径尺寸,最好标注在非圆视图上,圆弧半径尺寸,应标注在投影为圆弧的视图上,如图 4-14 中的 $\phi42$、$\phi20$、$R35$。④尽量避免在虚线上标注尺寸,如图 4-14 中的 $\phi10$。⑤同一方向上的连续尺寸,应尽量注写在同一条尺寸线上。如图 4-15 中 6、24、8、4。⑥尺寸应标注在反映形体形状特征最明显的视图上,如图 4-16 中 $R10$、$R5$、$R15$。

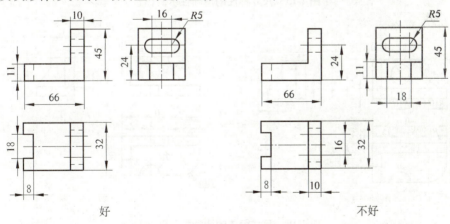

图 4-13 尺寸标注的清晰性示例(1)

(4)合理。标注尺寸要符合设计要求及工艺要求。①正确选择基准,包括准设计基准和工艺基准。准设计基准即用以确定零件在部件中的位置的基准,工艺基准即用以确定零件在加工或测量时的基准。②直接注出主要尺寸。主要尺寸指影响产品性能、工作精度和配合的尺寸。

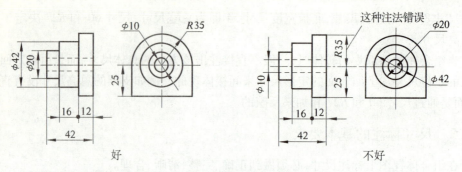

图 4-14　尺寸标注的清晰性示例(2)

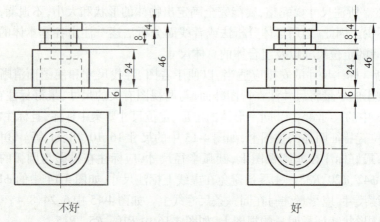

图 4-15　尺寸标注的清晰性示例(3)

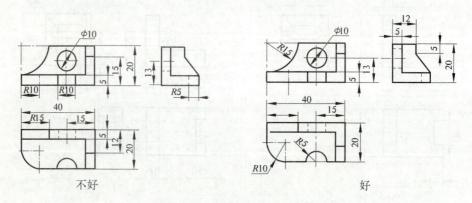

图 4-16　尺寸标注的清晰性示例(4)

4.3.4　标注尺寸的方法和步骤

标注组合体尺寸的基本方法是形体分析法。先假想将组合体分解为若干基本形体，选择好尺寸基准，然后逐一注出各基本体的定形尺寸和定位尺寸，最后标注总体尺寸，并对已注的尺寸作必要的调整，使所标注的尺寸正确、完整、清晰、合理。作图步骤见图 4-17 轴承座的尺寸标注。

第4章 组合体的投影分析

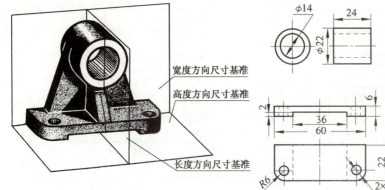

(a) 形体分析,选择尺寸基准　　　　　(b) 标注每个形体的定形尺寸

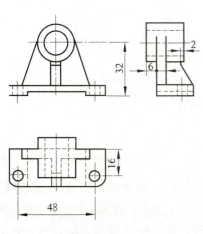

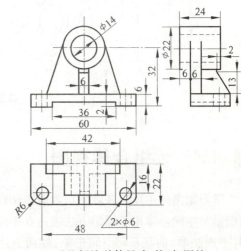

(c) 标注定位尺寸　　　　　　　　(d) 标注总体尺寸,核对、调整

图 4-17　轴承座的尺寸标注

4.3.5　组合体常见结构的尺寸注法

一些组合体常见结构的尺寸注法如图 4-18 所示。

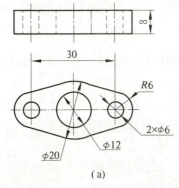

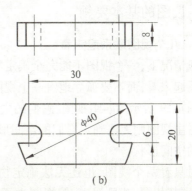

(a)　　　　　　　　　　　　　　(b)

图 4-18　常见结构的尺寸注法

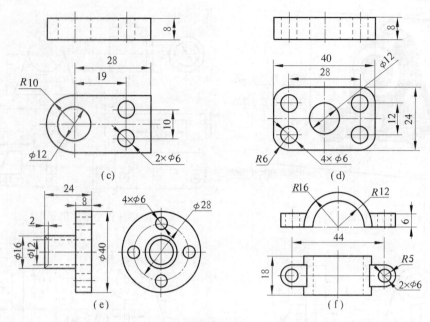

续图 4-18

4.4 读组合体视图

学习制图的主要任务就是培养画图和读图两方面的能力,两者相辅相成,互相促进。画图是将空间形体用正投影方法表达在平面上;而读图则是运用正投影原理,通过对各视图(平面图形)的联系和空间想象,使所表达的物体准确、完整地再现出来的过程。它是平面图形空间化、立体化的过程,是抽象图形具体化、形象化的过程,是画图的逆过程。所以,看图时,要运用与画图相反的思维方法,即在头脑中形成投射的原始空间状态。这就需要培养空间想象力和形体构思能力,同时必须掌握读图的基本要领和基本方法,并通过不断实践,逐步提高读图能力。

4.4.1 读图的基本要领

4.4.1.1 几个视图联系起来看

一般情况下,一个视图不能完全确定物体的空间形状,读图时,要根据投影规律,将各视图联系起来看,而不要孤立地看一个视图。

如图 4-19 所示的四组视图,它们的主视图都相同,但实际上是四个不同形状的物体。如果只看主视图则无法确定它们的空间形状,只有把主视图与俯视图联系起来看,才能确定它们的空间形状。

有时只看两个视图,也还无法确定物体的形状,如图 4-20 所示的两组视图,它们的主、俯视图都相同,若只看主、俯视图也不能区分它们的空间形状,只有结合左视图一起看,才能区分它们的空间形状。

第 4 章 组合体的投影分析

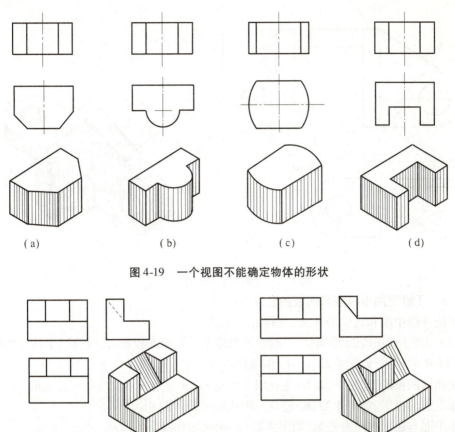

图 4-19 一个视图不能确定物体的形状

图 4-20 几个视图配合看图示例

由此可见，读图时必须将几个视图联系起来分析和构思，才能正确想象出物体的形状。

4.4.1.2 寻找特征视图

所谓特征视图，就是把物体的形状特征及相对位置反映得最为充分的那个视图。如图 4-19 中的俯视图及图 4-20 中的左视图。找到这个视图，再配合其他视图，就能较快地看懂视图，认清物体的形状。

但是，由于组合体的组成方式不同，物体的形状特征及相对位置并非总是集中在一个视图上，有时是分散在各个视图上。如图 4-21 所示的支架就是由四个形体叠加构成的。主视图反映物体 A、B 的形状特征，左视图反映物体 C 的形状特征，俯视图反映物体 D 的形状特征。而主、左视图又比较能反映 A、B、C、D 四个基本形体之间的位置特征。所以，在读图时，要抓住反映特征较多的视图。

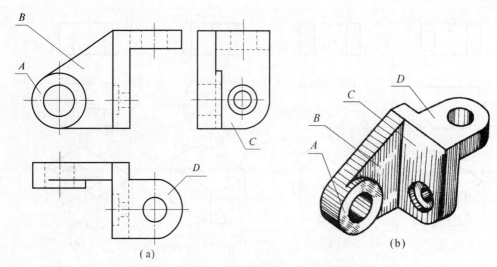

图 4-21 读图时应找出特征视图

4.4.1.3 了解视图中线框和图线的含义

弄清视图中线和线框的含义,是看图的基础。

(1)视图上每一个封闭线框,一般表示物体上一个面的投影,大致有以下几种情况:

①平面的投影,如图 4-22(a)主、俯视图中线框 s'、s 均表示凹字型平面。

②曲面的投影,如图 4-22(b)主视图中线框 m'、p' 分别表示圆筒的内外表面。

③空腔的投影,如图 4-22(b)俯视图中线框 d 表示圆孔。

④平面与曲面的组合投影,如图 4-22(c)俯视图中线框 k 所示。

看图时要判断某一个线框属于上述哪种情况的投影,必须找到该线框在各个视图中的相应投影,然后将几个投影联系起来进行分析。

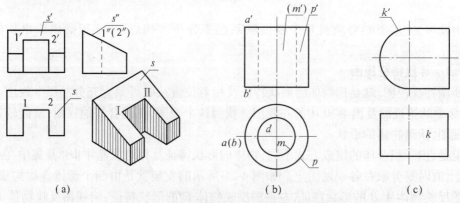

图 4-22 视图中封闭线框与图线含义的分析

(2)视图上每一条图线可以表示下列各种情况:

①表示有积聚性平面或曲面的投影,如图 4-22(a)左视图中的 s''。

②表示物体上两个表面交线的投影,如棱线、截交线、相贯线等。如图 4-22(a)主视图中直线段 $1'2'$ 即为两表面交线的投影。

③表示曲面轮廓素线的投影,如图4-22(b)主视图中的 $a'b'$ 即为圆柱转向轮廓的投影。

看图时,要判断视图中某一图线属于上述哪一种情况的投影,需先找到该图线在其他视图中相对应的投影,再将几个投影联系起来分析,才能得到正确的判断。

④相邻两个封闭线框(或线框里面套线框),则必然是代表两个表面。既然是两个表面就会有上下、左右、前后和相交之分。图4-23表示了判别的方法。

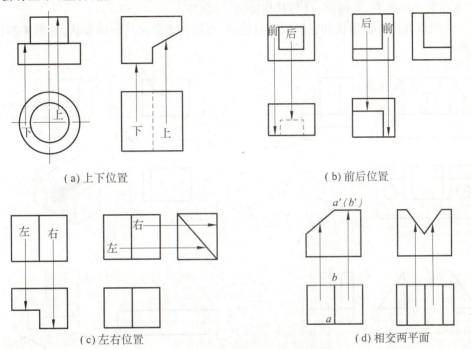

(a) 上下位置　　　　　　　　　　(b) 前后位置

(c) 左右位置　　　　　　　　　　(d) 相交两平面

图 4-23　判别表面之间相互位置的方法

4.4.2　读图的基本方法

4.4.2.1　形体分析法

形体分析法是读图的基本方法。把比较复杂的视图,按线框分成几个部分,运用三视图的投影规律,分别想象各形体的形状及相互连接方式,最后综合起来想出整体。一般是从反映物体形状特征的主视图入手,对照其他视图,初步分析出该物体是由哪些基本形体以及通过什么连接关系形成的。然后按投影特性逐个找出各基本体在其他视图中的投影,以确定各基本体的形状和它们之间的相对位置,最后综合想象出物体的总体形体。

下面以轴承座为例,说明用形体分析法读图的方法。

(1)从视图中分离出表示各基本形体的线框。将主视图分为四个线框,其中线框Ⅱ为左右两个完全相同的三角形,因此可归纳为三个线框,每个线框各代表一个基本形体,如图4-24(a)所示。

(2)分别找出各线框对应的其他投影,并结合各自的特征视图逐一构思它们的形状。如图4-24(b)所示,与线框Ⅰ对应的俯视图是一个中间带有两条直线的矩形,其左视图是一个矩形,矩形的中间有一条虚线,可以想象出它的形状是一个长方体,在其中部挖出了一个半圆槽。

如图4-24(c)所示,与线框Ⅱ对应的俯视图和左视图都是矩形。因此可知,它们是两块三角形板对称地分布在轴承座的左右两侧。

如图4-24(d)所示,与线框Ⅲ对应的主视图、俯视图都是矩形,其左视图是L形,可以想象出该形体是一块直角弯板,板上钻有两个小圆孔。

它们的相对位置是:长方体Ⅰ在底板Ⅲ上面,两形体的对称面重合且后面靠齐;两块肋板Ⅱ在长方体的左、右两侧,且与其相接,后面靠齐。

(3)根据各部分的形状和它们的相对位置,可综合想象出其整体形状,如图4-24(e)、(f)所示。

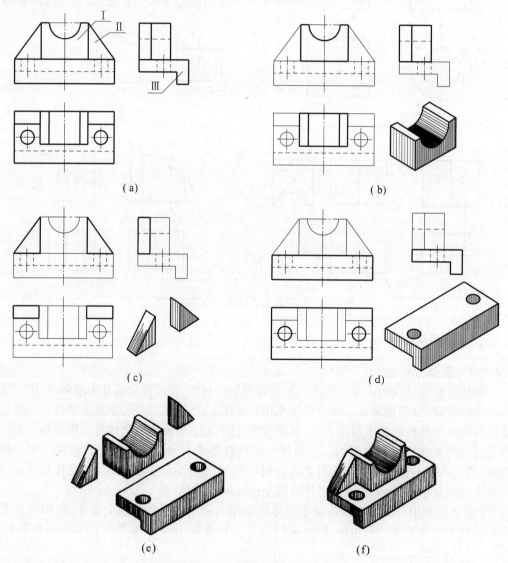

图 4-24 形体分析法读图

4.4.2.2 线面分析法

当物体被多个平面切割,物体的形状不规则或一些局部结构比较复杂的物体,单用形体分析法显得不够时,需进一步用线面分析法进行分析。即运用线、面的投影规律,分析视图中图线和线框所代表的意义、相互位置,从而读懂视图。

在读切割体的视图时,主要靠线面分析法。下面以图 4-25 所示物体为例,说明看图的步骤。

(1)对物体进行形体分析,确定物体的基本形状。根据图 4-25(a)所示三视图的外形基本上都是矩形(其中主、左视图是带缺口的矩形),因此可初步认定该物体是由长方体切割后所形成的。

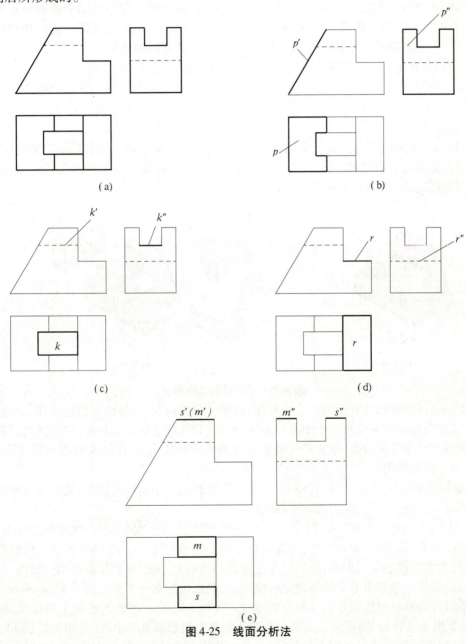

图 4-25 线面分析法

(2)确定各被切面的空间位置和几何图形。主视图左上方的斜线是用正垂面切割后,截断面在 V 面的投影;右上方的缺口,则是由水平面和侧平面切割后,两个截断面的投影;左视图中间的缺口,是由两个正平面和一个水平面组合切割后,三个截断面的投影。

在搞清各截断面的空间位置后,再根据投影的特性,分清各截断面的几何形状。

由图 4-25(b)可知,在主视图中有一斜线 p',而俯、左视图中各有一凹字形线框 p 和 p'' 与它对应,由此可见,P 面是垂直于 V 面的凹字形平面。平面 P 对 W 面和 H 面都处于倾斜位置,所以 P 面的侧面投影 p'' 与水平投影 p 是类似形,不反映 P 面的真实形状。

由图 4-25(c)可知,在俯视图中有一矩形线框 k,而主视图和左视图中各有一水平直线 k' 和 k'' 与它相对应,由此可见,K 面是平行于 H 面的矩形平面,左视图中间的缺口就是由平面 K 和另外两个正平面组合切去长方体后,三个截断面的投影。

由图 4-25(d)可知,平面 R 也是一个平行于 H 面的矩形平面。

由图 4-25(e)可知,主视图中有一水平线 $s'(m')$,而在俯视图中与它对应的是两个矩形线框,左视图中与它对应的是两段水平线 s''、m''。由此可见,S、M 是平行于 H 面的两个矩形平面。

(3)综合想象出整体形状。根据物体的基本形状,各切平面与基本形体的相对位置,搞清楚各截断面的形状和位置后,进一步分析视图中其他图线、线框的含义,综合想象出物体的整体形状,如图 4-26 所示。

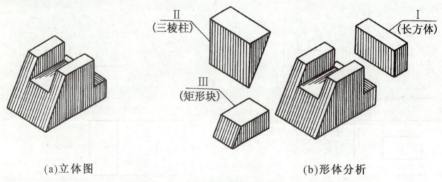

(a)立体图　　　　　　　　　　　(b)形体分析

图 4-26　切割体的立体图

读组合体的视图常常是两种方法并用,以形体分析法为主,线面分析法为辅。一般情况下,线面分析法用来分析视图中难以看懂的图线和线框的含义。另外,在读图的过程中还可利用尺寸来帮助读图,如直径代号 ϕ 表示圆孔或圆柱、半径代号 R 则表示圆角等。

4.4.2.3　读图举例

在读图练习中,由两个视图补画第三视图或补画视图中所缺的图线,是看图和画图的综合训练,也是提高识图能力的方法和途径。

【例 4-1】　根据已知图 4-27(a)所示两视图,想象物体的形状,求作物体的左视图。

解决此类问题的一般方法是:首先根据已给出的两视图,利用形体分析及线面分析的方法,想象出物体的空间形状;然后在读懂视图的基础上,按投影规律画出第三视图。

对应投影关系将图形中的线框分解成三个部分,线框对应关系如图 4-27(a)所示。

从特征线框出发想象各组成部分的形状。线框 1 对应 1′想象出底板Ⅰ的形状,线框 2′对应 2 想象出竖板Ⅱ的形状,线框 3′对应 3 想象出拱形板Ⅲ的形状(见图 4-27(b))。

由主、俯视图看该形体的三个部分,是叠加式组合体,其位置关系是:左右对称,形体

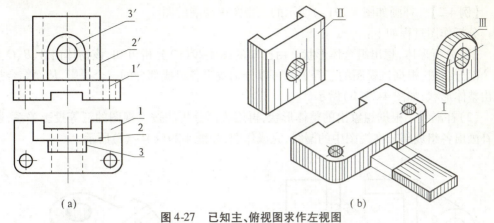

(a)　　　　　　　　　　　　　　(b)

图 4-27　已知主、俯视图求作左视图

Ⅱ、Ⅲ在Ⅰ的上面，形体Ⅲ在形体Ⅱ的前面，空间形状如图 4-28(a) 立体图所示。作图过程如图 4-28(b)~(d) 所示。

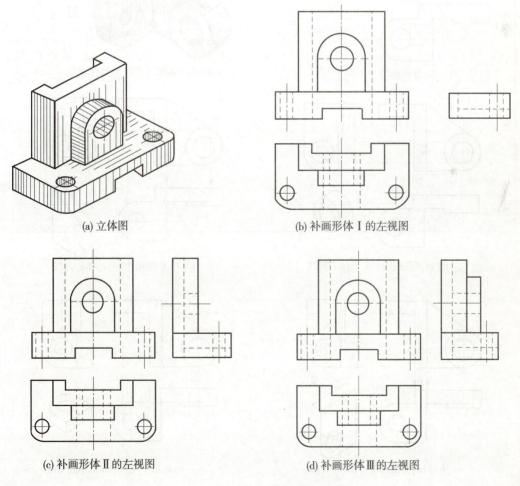

(a) 立体图　　　　　　　　　　(b) 补画形体Ⅰ的左视图

(c) 补画形体Ⅱ的左视图　　　　(d) 补画形体Ⅲ的左视图

图 4-28　作图过程

【例4-2】 补画如图4-29(a)所示的三视图中缺漏的图线。

分析作图过程如下:

(1)分析形体,想出组合体形状。由已知的图4-29(a)分析可知,该物体由 A、B、C、D 四个部分组成,根据三视图的三等关系可以分别找出各组成部分的三个投影,从而综合想象出整体形状,如图4-29(b)所示。

(2)补漏线。根据想象出的整体形状,再用线面分析法按三视图的三等投影关系,逐一补画出各组成部分在视图中的漏线,完成作图,如图4-29(c)~(f)所示。

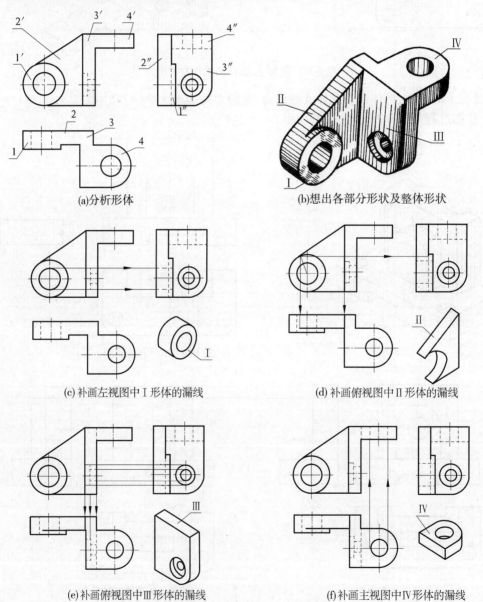

图 4-29 补画视图中缺漏的图线

本章小结

本章的主要知识点是根据组合体画三视图、读视图想象组合体(补图)及对组合体进行尺寸标注。一定要做足够的练习才能掌握本章内容。

第 5 章　轴测图

【本章导读】
多面正投影图能完整、准确地反映物体的形状和大小,且度量性好、作图简单,但立体感不强,只有具备一定读图能力的人才能看懂。有时工程上还需采用一种立体感较强的图来表达物体,即轴测图。轴测图是用轴测投影的方法画出来的富有立体感的图形,它接近人们的视觉习惯,但不能确切地反映物体真实的形状和大小,并且作图较正投影图复杂。因而在生产中常用轴测图作为辅助图样,用以说明机器及零部件的外观、内部结构或工作原理,用来帮助人们读懂正投影图。同时,在制图学习中,轴测图也是发展空间构思能力的手段之一,通过画轴测图可以帮助大家想象物体的形状,培养空间想象能力。本章主要介绍轴测投影的基本知识和正等轴测图、斜二等轴测图的绘制方法。

【学习目标】
了解轴测投影原理、规律和工程上常用轴测图的种类。
理解斜二等轴测图与正等轴测图的区别。
掌握基本形体和组合形体的正等轴测图、斜二等轴测图的绘制方法。

5.1　轴测图的基本知识

5.1.1　轴测图的形成

将物体连同确定其空间位置的直角坐标系一起,用不平行于任何直角坐标面的平行投射线,向单一投影面 P 进行投射,把物体长、宽、高三个方向的形状都表达出来,得到的具有立体感的图形,这种投影图称为轴测投影图,简称轴测图,如图 5-1 所示。我们把平面 P 称为轴测投影面,空间直角坐标 OX、OY、OZ 在轴测投影面上的投影 O_1X_1、O_1Y_1、O_1Z_1 称为轴测轴。

5.1.2　轴间角、轴向伸缩系数、轴测图的分类

(1)轴间角。轴间角是指两根轴测轴之间的夹角,如图 5-1 中 $\angle X_1O_1Y_1$、$\angle Y_1O_1Z_1$、$\angle Z_1O_1X_1$。

(2)轴向伸缩系数。轴向伸缩系数是指轴测轴上的线段与空间坐标轴上对应线段长度的比值。如图 5-1(a)、(b)所示,轴测轴 O_1X_1、O_1Y_1、O_1Z_1 上的线段与空间坐标轴 OX、OY、OZ 上对应线段的长度比,分别用 p、q、r 表示。

$$p = \frac{O_1X_1}{OX} \quad \text{表示 } X \text{ 轴轴向变化率;}$$

第 5 章 轴测图

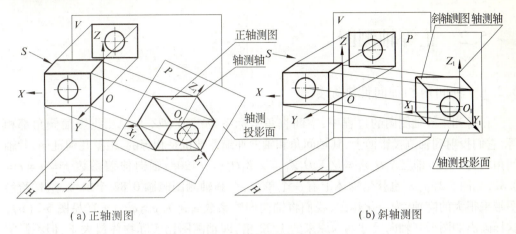

(a) 正轴测图　　　　　　　　　　　(b) 斜轴测图

图 5-1　轴测图的形成

$q = \dfrac{O_1 Y_1}{OY}$　　表示 Y 轴轴向变化率；

$r = \dfrac{O_1 Z_1}{OZ}$　　表示 Z 轴轴向变化率。

轴间角和轴向伸缩系数是画轴测图的两个主要参数。

(3) 根据投射线与投影面的相对位置,轴测投影可分为以下两种：

①正轴测图——用投射方向垂直于轴测投影面的轴测投影图,见图 5-1(a)。

②斜轴测图——用投射方向倾斜于轴测投影面的轴测投影图,见图 5-1(b)。

两种轴测投影图又根据轴向伸缩系数是否相等,分别有下列三种不同的形式：

正轴测图为正等轴测图($p=q=r$)、正二等轴测图($p=q\neq r$)、正三轴测图($p\neq q\neq r$)。

斜轴测图为斜等轴测图($p=q=r$)、斜二等轴测图($p=r\neq q$)、斜三轴测图($p\neq q\neq r$)。

工程上常采用立体感较强,作图较简便的正等轴测图(简称正等测)和斜二等轴测图(简称斜二测)。本章重点介绍正等轴测图和斜二等轴测图。

5.1.3　轴测图的基本性质

由于轴测投影图是用平行投影法得到的,因此它具备平行投影法的性质。

(1) 空间上互相平行的线段,轴测投影仍互相平行。

(2) 空间上平行于坐标轴的线段,轴测投影仍平行于相应的轴测轴,且同一轴向所有线段的轴向伸缩系数相同。

(3) 物体上不平行于轴测投影面的平面图形,在轴测图上变成原形的类似形。如正方形的轴测投影可能是菱形、圆的轴测投影可能是椭圆等。

画轴测图时,物体上凡是与坐标轴平行的直线段,就可沿轴向进行测量和作图。所谓"轴测"就是指"沿轴测量"的意思。

5.2 正等轴测图

5.2.1 轴间角和轴向伸缩系数

在得到正等轴测图的过程中,空间直角坐标系 OX、OY、OZ 与轴测投影面倾角都相等,它们投射到轴测投影面上,其轴间角和轴向伸缩系数也是相等的,根据几何证明,其轴间角均为 120°,即 $\angle X_1 O_1 Y_1 = \angle X_1 O_1 Z_1 = \angle Z_1 O_1 Y_1 = 120°$,轴向伸缩系数 $p = q = r = 0.82$,见图 5-2(a)。也就是物体上有一个单位,在画轴测图时画 0.82 个单位,这样给绘图带来很大的麻烦,为简化作图,我们将轴向伸缩系数简化为 $p = q = r = 1$,见图 5-2(b),这样画出的图形其轴向尺寸均为原来的 1.22 倍,即轴测图比实际物体放大了,但不影响立体感,见图 5-2(d)。作图时,一般将 $O_1 Z_1$ 轴处于铅垂位置,$O_1 X_1$、$O_1 Y_1$ 分别与 $O_1 Z_1$ 成 120°,如图 5-2 所示。

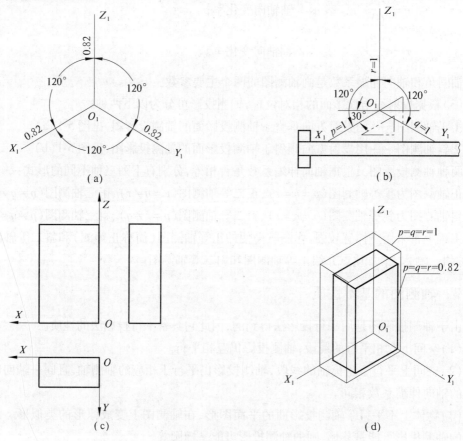

图 5-2 正等测投影的轴测轴、轴间角、轴向伸缩系数

5.2.2 平面立体正等轴测图的画法

5.2.2.1 坐标法

画图时,首先在视图中确定坐标原点和坐标轴,画出轴测轴,再根据物体上各顶点的空间坐标,分别画出它们的轴测投影,然后依次连接各顶点,得物体特征表面的轮廓线,即完成正等轴测图的作图。

【例 5-1】 已知正六棱柱的主、俯视图,如图 5-3(a)所示,应用坐标法画出其正等轴测图。

作图步骤如下所述:

(1)在正投影图上确定出直角坐标系。由于正六棱柱前、后、左、右对称,为方便画图,选顶面中心点作为坐标原点,把 X、Y 轴确定在顶面的两对称线上,Z 轴在其中心线上,如图 5-3(a)所示。

(2)画出轴测轴 O_1X_1、O_1Y_1、O_1Z_1,在轴测轴上,根据正投影图顶面的尺寸 S、D 定出 I_1、II_1、III_1、IV_1 的位置,如图 5-3(b)所示。

(3)根据轴测图的投影特性,过 I_1、II_1 作平行于 O_1X_1 的直线,并以 Y_1 轴为界左右各量取 $a/2$ 确定各顶点,连接各点即为六棱柱上底面的正等测图,如图 5-3(c)所示。

(4)由上底面各顶点向下沿 Z_1 轴方向量取高度 H,得下底面的各可见点,连接下底面的各可见点,即得六棱柱正等测图,如图 5-3(d)所示。

(5)擦去作图辅助线、细虚线,描深,完成六棱柱的正等轴测图,如图 5-3(e)所示。

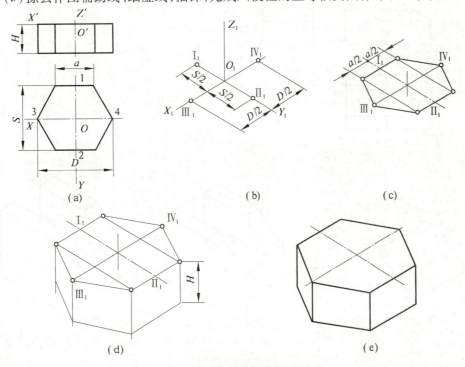

图 5-3 坐标法画正等轴测图

画轴测图时,应首先找出其特征面,画出该特征面的轴测图,然后完成立体的轴测图。一般情况下,轴测图中不必要画出不可见轮廓线,所以画图时先画特征面的上面、左面、前面,再画出下面、右面、后面,这样就可以避免多余图线的出现,简化作图过程。

5.2.2.2 切割法

对于切割型平面立体,在画其轴测图时,可以先画出基本形体的轴测图,然后进行轴测切割,从而完成物体的轴测图。

【例5-2】 已知物体的三视图,如图5-4(a)所示,用切割法画出其正等轴测图。

作图步骤如下所述:

(1)在三视图上设置直角坐标轴。为作图方便,选择长方体一个顶角作为空间直角坐标系原点,并以过该顶角的三条棱线作为坐标轴,如图5-4(a)所示。

(2)画轴测轴,根据各顶点的坐标分别定出长方体的8个顶点的轴测投影,依次连接各顶点,即得长方体的正等轴测图,如图5-4(b)所示。

(3)根据轴测图投影特性,在平行轴测轴方向上按题意确定切平面位置,切去立体左上角,如图5-4(c)所示。

(4)确定长方体槽的位置,作出槽的正等测图,如图5-4(d)所示。

(5)擦去多余的线,整理、描深,完成轴测图,如图5-4(e)所示。

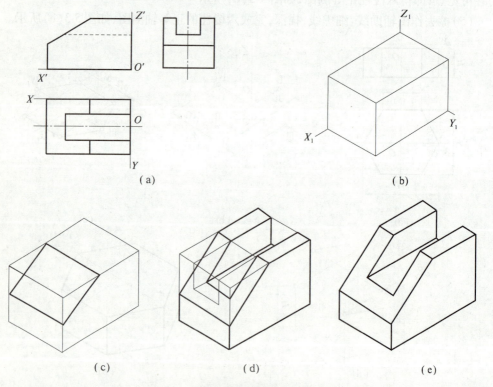

图5-4 切割法画物体的正等轴测图

切割法在基本体轴测图的画图过程中非常实用,其方便、灵活、快速。只要坐标位置选择适当,按照比例可随意进行切割。

5.2.2.3 叠加法

对于叠加型物体画轴测图时,应分析组成物体的各基本形体的相对位置,逐个画出各组成部分的正等测图,最后完成整个物体的正等轴测图。

【例 5-3】 已知物体的三视图,用叠加法画出其正等轴测图,如图 5-5(a)所示。

作图步骤如下所述:

(1)在三视图上确定直角坐标系。该物体由底板、立板和肋板三部分组成,左右对称结构,为作图方便,选择底板后上方中点作为空间直角坐标系原点确定坐标轴,见图 5-5(a)。

(2)画轴测轴,作出底板的正等轴测图,见图 5-5(b)。

(3)根据三视图立板的位置,画出立板的正等轴测图,见图 5-5(c)。

(4)由视图中 a、b、c 三个尺寸,在轴测图中确定肋板上线两端点的位置,然后连线,即得出肋板的正等轴测图,见图 5-5(d)。

(5)擦去多余的线,整理、描深,完成轴测图,如图 5-5(e)所示。

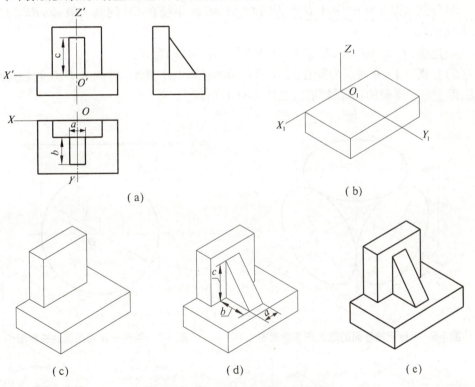

图 5-5 叠加法画物体的正等轴测图

5.2.3 回转体正等轴测图的画法

5.2.3.1 平行于投影面的圆的正等轴测图的画法

在正等轴测图中,由于三个直角坐标轴都与轴测投影面倾斜,所以平行于投影面的圆的正等轴测图均为椭圆。如图 5-6 所示,直径为 D 的圆,不论它平行于哪个坐标面,其椭圆的形状和大小都是一样的,只是长短轴的方向不同而已。由图 5-6 可知,$X_1O_1Y_1$ 面上椭圆的长轴垂直于 O_1Z_1 轴;$X_1O_1Z_1$ 面上椭圆的长轴垂直于 O_1Y_1 轴;$Y_1O_1Z_1$ 面上椭圆的长轴垂直于 O_1Y_1 轴。

为了简便作图,正等轴测图中的椭圆通常采用近似法作图。

【例 5-4】 求作如图 5-7 所示半径为 R 的水平圆的正等轴测图。

作图步骤如下所述:

(1)在视图中定出平面图形的直角坐标轴和坐标原点,作圆的外切四边形,如图 5-7 所示。

(2)作轴测轴 O_1X_1、O_1Y_1,并按轴测投影的特性作出平面圆外切四边形的轴测投影菱形,如图 5-8(a)所示。

(3)分别以图 5-8(b)中 A、B 点为圆心,以 AC 为半径在 CD 间画大弧,以 BE 为半径在 EF 间画大圆弧。

(4)连接 AC 和 AD 交长轴于 $Ⅰ$、$Ⅱ$ 两点,如图 5-8(c)所示。

(5)分别以 $Ⅰ$、$Ⅱ$ 两点为圆心,$ⅠD$、$ⅡC$ 为半径画两小圆弧,在 C、E、F、D 处与大圆弧相切,即完成平面圆的正等轴测图,如图 5-8(d)所示。

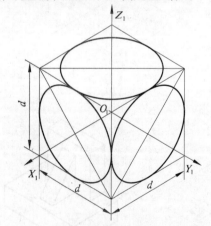

图 5-6 平行于投影面的圆的正等轴测图　　图 5-7 平行于 H 面的圆的投影图

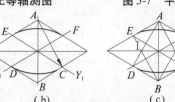
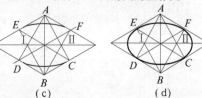

图 5-8 平面圆的正等轴测图的画图过程

5.2.3.2 回转体的正等轴测图

在画回转体的正等轴测图时,只要明确该回转体上的平面圆与哪一个坐标面平行,就能保证作出其正确的正等轴测图。对于圆柱、圆锥、圆台和圆球,其作图方法和步骤都是一样的。

【例 5-5】 作出如图 5-9(a)所示圆柱体的正等轴测图。

作图步骤如下所述:

(1)在视图中确定原点和坐标轴,如图 5-9(a)所示。
(2)画轴测轴,确定上下两底圆中心位置,用近似法画上下两底椭圆,如图 5-9(b)所示。
(3)作两椭圆的公切线,擦去多余线条,如图 5-9(c)所示。
(4)描深完成全图,如图 5-9(d)所示。

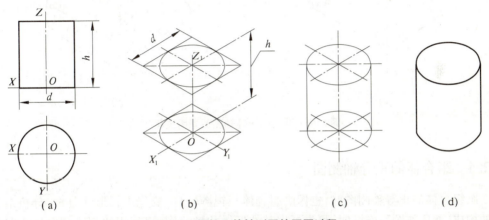

图 5-9 圆柱正等轴测图的画图过程

5.2.3.3 平行于基本投影面的圆角的正等轴测图的画法

平行于基本投影面的圆角,实质上就是平行于基本投影面的圆的一部分。因此,可以用近似法画圆角的正等轴测图。如图 5-10(a)所示的平面立体上有四个圆角,每个圆角相当于完整的圆柱体的四分之一,下面介绍它的正等轴测图的画法。

【例 5-6】 画出如图 5-10(a)所示带圆角的长方体底板的正等轴测图。

作图步骤如下所述:

(1)在正投影图上确定出圆角半径 R 的圆心和切点的位置,如图 5-10(a)所示。
(2)根据视图画出平板的正等轴测图,在对应边上量取 R,如图 5-10(b)所示。
(3)自量取得的点(切点)作各边线的垂线,以两垂线的交点为圆心,分别以 R_1、R_2 为半径,在两切点范围内画圆弧,即得上顶面圆角的正等轴测图,如图 5-10(c)所示。
(4)用坐标法将顶面圆角的各圆心及切点沿 Z_1 轴下移底板厚度 h,再用与顶面圆弧相同的半径分别画圆弧,即得底板下底面圆角的正等轴测图。最后作出对应圆弧的公切线,擦去作图线并描深图线,即完成带圆角的长方体底板的正等轴测图,如图 5-10(d)所示。

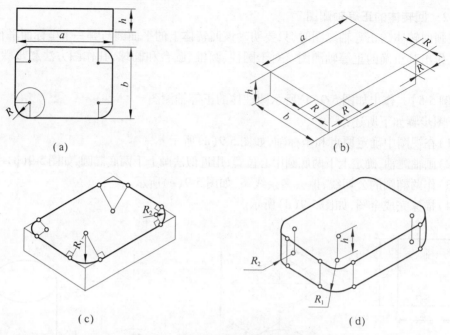

图 5-10 圆角的正等轴测图画图过程

5.2.4 组合体的正等轴测图

画组合体的正等轴测图时,也像画组合体三视图一样,要先进行形体分析,分析组合体的构成,然后作图。作图时,可先画出基本形体的轴测图,再利用切割法和叠加法完成全图。轴测图中一般不画虚线,应从前、上面开始画起。另外,利用平行关系也是加快作图速度和提高作图准确性的有效手段。

【例 5-7】 画出如图 5-11(a)所示轴承座的正等轴测图。

该轴承座由底板、支承板、圆筒、肋板四部分组成,是综合型组合体。支承板和肋板位于底板上方,肋板后面与支承板前面接触;圆筒由支承板和肋板支撑,后面平齐;整体左右对称。底板上有两个圆孔和两个圆角,与水平投影面平行,为水平的椭圆,下方中间部位有一切槽;圆筒前后底面与正投影面平行,为正平的椭圆;支承板两边与圆筒相切。画图时可以采用叠加法与切割法相间进行。

作图步骤如下所述:

(1)在三视图上确定直角坐标系,如图 5-11(a)所示。

(2)画轴测轴,作出底板的正等轴测图,如图 5-11(b)所示。

(3)确定圆筒轴线的 Z 坐标,画轴线完成圆筒的正等轴测图,如图 5-11(c)所示。

(4)根据视图,画支承板的正等轴测图,如图 5-11(d)所示。

(5)根据视图,画肋板的正等轴测图,如图 5-11(e)所示。

(6)整理、描深,完成全图,如图 5-11(f)所示。

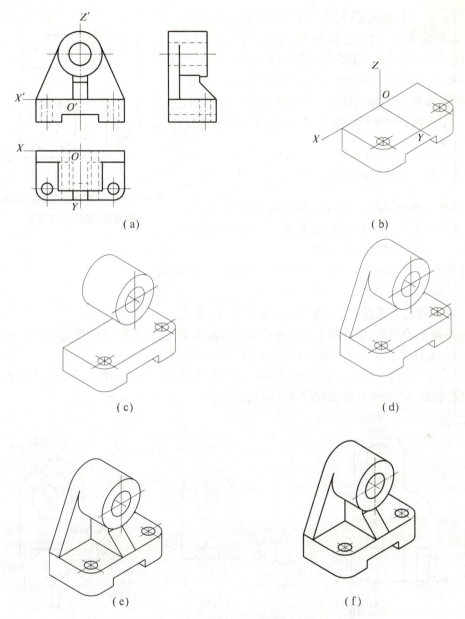

图 5-11 组合体正等轴测图的画法

5.3 斜二等轴测图

将物体放置成一个坐标平面平行于轴测投影面,然后用斜投影法向轴测投影面倾斜时,所得的轴测图称为斜二等轴测图,如图 5-1(b)所示。

5.3.1 轴间角和轴向伸缩系数

在斜二等轴测图中,轴测轴 X_1O_1、Z_1O_1 分别是水平轴方向和铅垂轴方向,轴向伸缩

系数为 $p = r = 1$；轴测轴 Y_1O_1 与水平线成 45°，其轴向伸缩系数为 $q = 1/2$。轴间角：$\angle X_1O_1Z_1 = 90°$，$\angle X_1O_1Y_1 = \angle Y_1O_1Z_1 = 135°$，如图 5-12 所示。

斜二等轴测图的轴测轴有一个显著的特征，就是物体正面 X 轴和 Z 轴的轴测投影没有变形。当零件只有一个方向有圆或形状复杂时，画成斜二等轴测图十分简便。

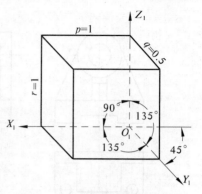

图 5-12　斜二等轴测图的轴测轴、轴间角、轴向伸缩系数

5.3.2　斜二等轴测图的画法

画斜二等轴测图通常从最前面的面开始，沿 Y_1 轴方向分层定位，在 $X_1O_1Z_1$ 轴测面上定形，特别要注意 Y_1 方向的伸缩系数为 0.5。

【例 5-8】　画出如图 5-13(a)所示立体的斜二等轴测图。

作图步骤如下所述：

(1) 在视图上选择确定坐标轴，如图 5-13(a)所示。

(2) 画出轴测轴，作特征平面正面的斜二等轴测图（与正投影完全相同），再从特征面的各点出发作平行于 O_1Y_1 轴的直线，如图 5-13(b)所示。

(3) 用平移的方法画出后端面，把圆心向后移 Y 坐标的一半，作出后面圆及其他可见轮廓线，加深，完成轴测图，如图 5-13(c)所示。

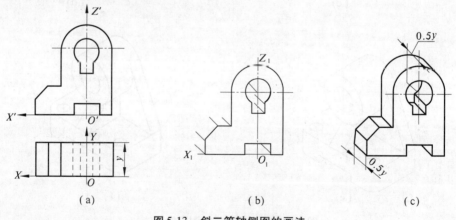

图 5-13　斜二等轴侧图的画法

【例 5-9】　绘制如图 5-14(a)所示法兰盘斜二等轴测图。

由于该法兰盘单方向圆较多，为了便于作图，可以将这些圆放置成与 $X_1O_1Z_1$ 平行，使他们的轴测图反映圆的实形。

作图步骤如下所述：

(1) 在视图上选择确定直角坐标轴，如图 5-14(a)所示。

(2) 画出轴测轴，确定各圆所在的平面位置，如图 5-14(b)所示。

(3) 画小圆柱的前面和后面，如图 5-14(c)所示。

(4) 画大圆柱的前面和后面,如图 5-14(d)所示。

(5) 在大圆柱的前面确定四个小圆孔的中心位置,画出前面的圆,并作出大、小圆柱的可见轮廓线,如图 5-14(e)所示。

(6) 画出四个小圆孔后面圆的可见部分。擦去多余的图线,加深,完成轴测图,如图 5-14(f)所示。

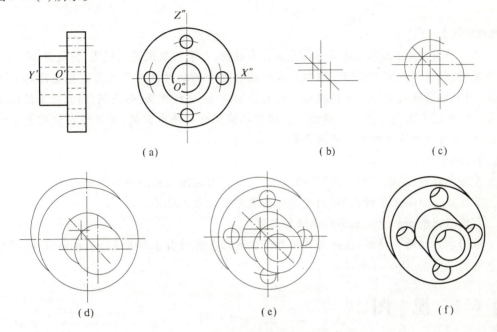

图 5-14　法兰盘斜二等轴侧图的画法

本章小结

正等轴测与斜二等轴测是机械上常用的轴测图,从立体感上分析,一般正等轴测比斜二等轴测好。从度量性来分析,正等轴测沿三个轴方向都能直接度量,而斜二等轴测只能在两个轴方向上度量,而另一个轴必须经过换算。从作图难易程度上分析,当零件在某一个坐标面(或其平行面)上圆和圆弧较多时,采用斜二等轴测作图较容易。当然,现实中选用哪种轴测图,还应根据零件的具体结构,具体分析来确定。

第6章 机件常用的表达方法

【本章导读】
　　在生产实际中，机件的结构形状是多种多样的，如果仅仅采用主视图、俯视图、左视图三个视图，往往不能完整、清晰、准确地表达较为复杂的机件。为了满足这些实际的表达要求，国家标准规定了绘制物体技术图样的基本方法，包括视图、剖视图、断面图及简化画法等。掌握这些表达方法是正确绘制和阅读机械图样的基本前提，灵活运用这些表达方法清楚、简洁地表达是绘制机械图样的基本原则。

【学习目标】
　　掌握各种视图、剖视图、断面图的画法，包括常用的简化画法和其他规定画法。
　　掌握并合理运用各种视图、剖视图的表达方法来表达机件。
　　掌握移出断面和重合断面的画法和标注。
　　根据零件的结构特点，能适当选择并合理运用各种绘图基本方法绘制机械图样，并力求表达明确完整、绘制清晰简洁。

6.1 视　　图

　　视图主要用于表达机件的外部形状，一般只画机件的可见部分，必要时才画出其不可见部分。视图分为基本视图、向视图、局部视图、斜视图等四种。

6.1.1 基本视图

　　对于形状比较复杂的机件，用两个或三个视图不能完整、清楚地表达它们的内外形状时，则可根据国标规定，在原有 H、V、W 三投影面的基础上，再增加三个投影面，组成了一个正六面体，这六个投影面称为基本投影面，如图6-1(a)所示。这六个基本投影面把机件围在箱中，机件向基本投影面上投射所得的视图，称为基本视图。这样，除前面已介绍过的主视图、俯视图、左视图三个视图外，还有后视图——从后向前投射，仰视图——从下向上投射，右视图——从右向左投射。图6-1(b)表示机件投影面展开的方法，规定主视投影面不动，把其他投影面展到与主视投影面成同一平面。展开以后，六个基本视图的配置关系和视图名称见图6-1(c)，图中一律不标注视图名称。
　　六个基本视图之间，仍然符合着与三视图相同的投影规律，即主、俯、仰、后：长对正；主、左、右、后：高平齐；俯、左、仰、右：宽相等。
　　此外，除后视图外，各视图的里边（靠近主视图的一边）均表示机件的后面，各视图的外边（远离主视图的一边）均表示机件的前面，即"里后外前"。
　　制图时应根据零件的形状和结构特点，选用其中必要的几个基本视图。在考虑到看图和绘图的方便,并能完整、清晰地表达机件各部分形状的前提下,视图的数量应尽可能减少。

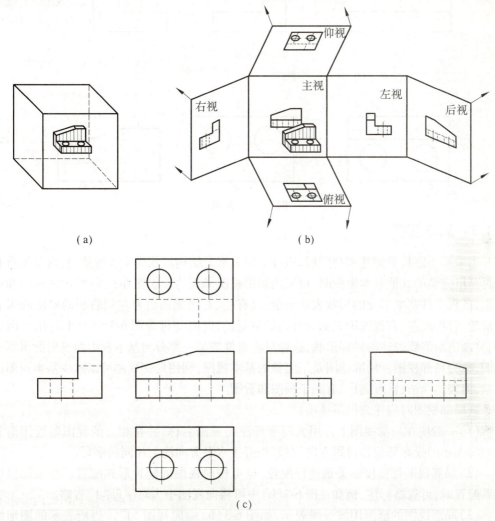

图6-1 基本投影面及其展开

6.1.2 向视图

在实际制图时,由于考虑到各视图在图纸中的合理布局问题,各视图不能按规定位置配置时,可以采用向视图。向视图是可自由配置的视图,它的标注方法为:在向视图的上方标注大写英文字母 A、B、C,并在相应视图的附近用箭头指明投影方向,注写相同的字母,如图6-2所示。图中三个未加标注的视图是基本视图,即主视图、俯视图和左视图。

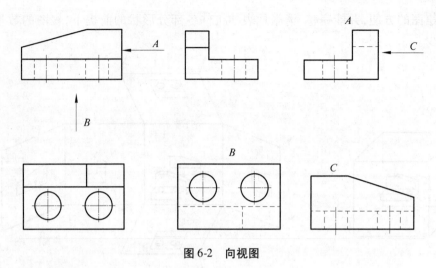

图 6-2　向视图

6.1.3　局部视图

当采用一定数量的基本视图后,机件上仍有部分结构形状尚未表达清楚,而又没有必要再画出完整的其他基本视图时,可采用局部视图来表达。如图 6-3(a)所示主视图和俯视图,已将工件基本部分的形状表达清楚,只有左、右两侧凸台和左侧肋板的厚度尚未表达清楚,若再画左、右视图则大部分表达是重复的,此时便可像图 6-3 中的 A 向和 B 向那样,只画出所需要表达的局部形状,这种只将机件的某一部分向基本投影面投射所得到的视图,称为局部视图。局部视图是不完整的基本视图,利用局部视图可以减少基本视图的数量,使表达简洁,重点突出,有利于画图和看图。

画局部视图时应注意以下事项:

(1)一般应在局部视图上方用大写字母注明视图名称,并在相应的视图附近用箭头指明所表示的投影部位和投影方向,在箭头旁按水平方向注上相同的字母。

(2)局部视图可按投影关系进行配置,也可按向视图的配置形式配置。当采用投影关系配置时,可省略标注,例如在图 6-3(b)中可将向视图中大写字母"A"省略。

(3)局部视图的范围用波浪线表示,如图 6-3(b)中向视图"A"。当所表示的图形结构是完整的且外轮廓线又封闭时,则波浪线可省略,如图 6-3(b)中向视图"B"。

6.1.4　斜视图

将机件向不平行于任何基本投影面的投影面进行投影,所得到的视图称为斜视图。斜视图适合于表达机件上的斜表面的实形。如图 6-4 所示是一个弯板形机件,它的倾斜部分在俯视图和左视图上的投影均不反映实形,这就给画图和看图带来了困难,也不便于标注尺寸。为了得到该倾斜表面实形,可以另外加一个平行于该倾斜部分的投影面,在该投影面上则可以画出倾斜部分的实形投影,如图 6-4(a)中的向视图"A"所示,这就是斜视图。

画斜视图时要注意以下事项:

(1)由于斜视图只要求表达该零件倾斜部分的真实形状,故其余部分不需要全部画

第 6 章 机件常用的表达方法

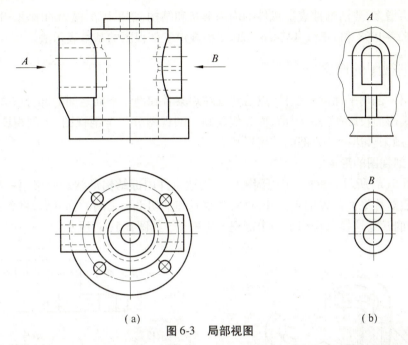

图 6-3 局部视图

出,而用波浪线断开或双折线断开。当所表达的局部结构是完整的,且外轮廓是封闭时,波浪线或双折线可省略不画。

(2)斜视图的标注方法与局部视图相似,并且应尽可能配置在与基本视图直接保持投影关系的位置,为了图面的合理布局和便于作图,可以将斜视图配置到图纸内的适当位置,也可以将图形旋转,旋转角度一般不大于45°,必要时允许将图形旋转到放正的位置,但必须在斜视图上方注明旋转符号,并且大写英文字母要放在靠近旋转符号的箭头端,旋转符号表示的旋转方向应与图形的旋转方向相同,如图6-4(b)所示。

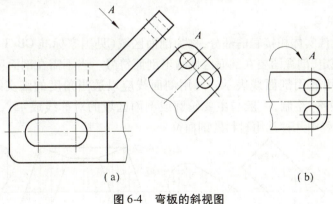

图 6-4 弯板的斜视图

6.2 剖视图

六个基本视图基本解决了机件外形的表达问题,但当零件的内部结构较复杂时,视图的虚线也将增多,要清晰地表达机件的内部形状和结构,常采用剖视图的画法。国家标准 GB/T 17452—1998 和 GB/T 4458.6—2002 中规定了剖视图的基本表示法。

6.2.1 剖视图的概念

假想用一剖切平面剖开机件,然后将处在观察者和剖切平面之间的部分移去,而将其余部分向投影面投影所得的图形,称为剖视图。剖视图分为全剖视图、半剖视图、局部剖视图,主要用来表达机件内部的结构形状。

6.2.1.1 剖视图的形成

如图 6-5(a)所示的机件,采用剖视图来表达机件内部结构形状。假想用一剖切面 P 在机件前后对称平面位置把它剖开,移去观察者和剖切平面之间的部分后,将剩余部分再向正投影面投影,这样就得到了一个剖视的主视图,如图 6-5(b)所示。

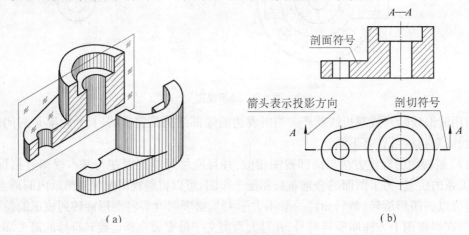

图 6-5 剖视图的形成

6.2.1.2 剖面符号

剖切面与机件实体相接触的部分,称为剖面区域(见国家标准 GB/T 17452—1998)。根据国家标准规定,剖视图要在剖面区域画出剖面符号。当不需在剖面区域中表示材料的类别时,可采用通用剖面线表示。通用剖面线应以适当角度的细实线(见国家标准 GB/T 17450—1998)绘制,一般与主要轮廓或剖面区域的对称线成 45°,如图 6-6 所示。表 6-1 列出了工程中几种常用材料的剖面符号。

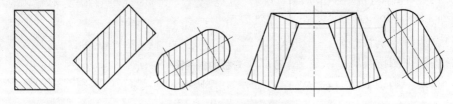

图 6-6 通用剖面线的画法

第6章 机件常用的表达方法

表6-1 剖面符号

金属材料		玻璃及供观察用的透明材料		型砂、填砂、粉末冶金、砂轮等	
非金属材料		液体		混凝土	
线圈绕组元件		木材	横剖面	钢筋混凝土	
转子、电枢、变压器等的叠钢片			纵剖面	砖	
格网(筛网、过滤网)等		胶合板		基础周围的泥土	

金属材料的剖面符号应画成与水平方向成45°的互相平行、间隔均匀的细实线。同一机件各个视图的剖面符号应相同。但是，如果图形的主要轮廓线与水平方向成45°或接近45°，该图剖面线应画成与水平方向成30°或60°，其倾斜方向仍应与其他视图的剖面线一致，如图6-7所示。

6.2.1.3 剖视图的画法

以图6-5所示机件为例，说明画剖视图的一般方法和步骤：

(1)选择适当的剖切位置，以便充分地表达机件的内部机构形状，剖切平面尽量通过较多的内部结构(孔、槽等)的轴线或对称平面，并平行于选定的投影面。例如在图6-5中，以机件的前后对称平面为剖切平面。

(2)画出剖面区域和剖面区域后的所有可见部分的投影，并根据机件材料不同选择剖面符号，在剖面区域画上剖面符号，如图6-5(b)所示。

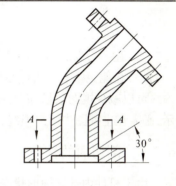

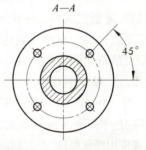

图6-7 剖面符号的画法

6.2.1.4 剖视图的标注

剖视图的标注包括标注剖切平面的位置、投影方向和剖视图的名称。标注方法如图6-5(b)所示：在剖视图上方用字母标出剖视图的名称"×—×"，并在相应的视图中用剖切符号(粗短线)标明剖切平面的位置，并写上相同的字母，字母一律水平书写；用箭头指明投影方向。标注规定：

(1)画剖切符号用线宽(1~1.5)b，长5~10 mm粗实线，尽可能不与图形的轮廓线相交。

(2)当剖视图按投影关系配置，中间又没有其他图形隔开时，可省略箭头。

(3)当单一剖切平面通过机件的对称平面或基本对称平面，且剖视图按投影关系配置，中间又没有其他图形隔开时，可省略一切标注，如图6-8所示。

6.2.1.5 画剖视图时应注意的问题

(1)剖切面是假想的，因此除剖视图外，其他视图仍要完整地画出。如图6-5(b)所示，虽然主视图作了剖视，但俯视图仍应完整画出。

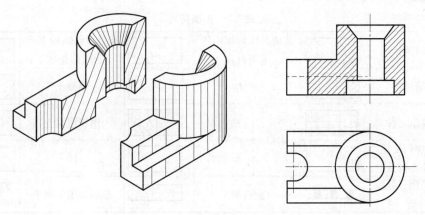

图 6-8　剖视图中的虚线处理

（2）在剖切面后的机件可见轮廓线,应用粗实线画出,不应漏画或多画。

（3）在能完整表达机件结构形状的前提下,剖视图中一般不画虚线。但如果画少量虚线可以减少视图数量,而又不影响剖视图的清晰时,也可以画出这种虚线。如图 6-8 所示,必需在主视图中画出虚线,否则侧面的平台就表达不清。

6.2.2　剖切面的种类

由于机件内部结构形状变化较多,常需选用不同数量、位置、范围及形状的剖切面剖切机件,才能把其内部结构形状表达清楚。国家标准规定:剖切面是剖切被表达物体的假想平面或柱面。根据所表达机件的结构特点,可选择单一剖切面、几个平行的剖切面、几个相交的剖切面剖切机件。

6.2.2.1　单一剖切面

用一个剖切面剖切机件内部结构的方法称为单一剖,单一剖切面通常指平面或柱面。最常用的是平面剖,若采用柱面剖切机件,通常按展开画法,在具体绘图时,通常仅画出剖面展开图,或采用简化画法,将剖切面后面物体的有关结构形状省略不画,如图 6-9 和图 6-10 所示。

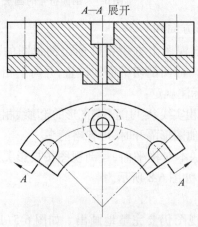

图 6-9　柱面剖切的全剖视图

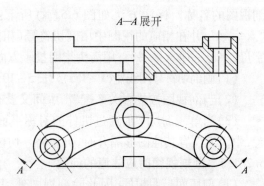

图 6-10　柱面剖切的半剖视图

按照剖切面投影方向的不同,可以分为单一剖和斜剖,以下分别介绍:

(1)单一剖。用一个平行于基本投影面的剖切面剖开机件的方法称为单一剖,如图 6-7~图 6-10 均为单一剖。

(2)斜剖。用不平行于任何基本投影面的剖切平面剖开机件的方法称为斜剖。当机件倾斜部分的内部形状在基本视图上不能反映真实形状时,一般采用斜剖。如图 6-11 所示机件是斜剖切面半剖视图,如图 6-12 所示机件是斜剖切柱面全剖视图。

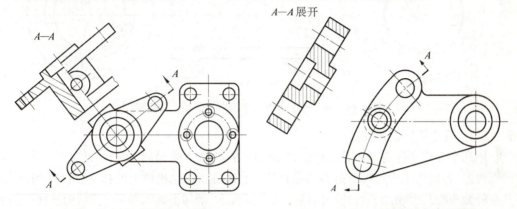

图 6-11　单一斜剖切面半剖视图　　　　　图 6-12　单一斜剖切柱面全剖视图

画斜剖视图时应注意以下事项:

(1)用斜剖得到的视图最好按投影关系配置,如图 6-13 中的"A—A"剖视。必要时可以将斜剖视平移画到图纸的其他地方,在不致引起误解时,也允许将图形旋转,但必须加注剖视图和旋转符号,如图 6-13(b)所示。

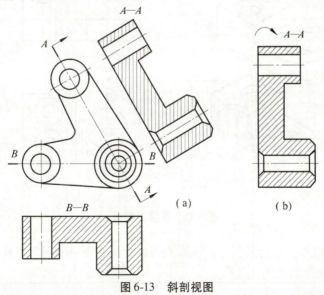

图 6-13　斜剖视图

(2)斜剖视图必须标注全剖切符号和表示投影方向的箭头,注明剖视图名称,如图 6-13 所示。

(3) 用一个公共剖切平面剖开机件,按不同方向投射得到的两个剖视图,应按图 6-14 的形式标注。

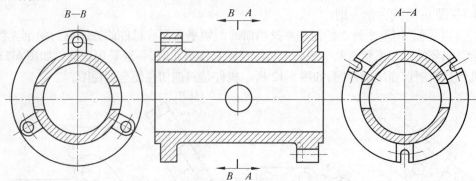

图 6-14　用一个公共剖切平面获得的两个剖视图

6.2.2.2　几个平行的剖切面

用几个互相平行的剖切平面把机件剖开的方法,称为阶梯剖,所画出的剖视图称为阶梯剖视图,各剖切平面的转折处必须是直角。它适宜于表达机件上的孔、槽对称于中心线及空腔分布在几个相互平行的平面内。这里强调是"剖切平面",排除了"剖切柱面"是因它使图形复杂化、表达困难。

如图 6-15(a)所示机件,内部结构(小孔和沉孔)的中心位于两个平行的平面内,不能用单一剖切平面剖开,而是采用两个互相平行的剖切平面将其剖开,主视图即为采用阶梯剖方法得到的全剖视图,如图 6-15(b)所示。

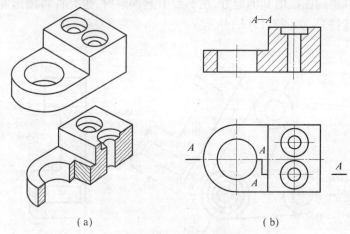

图 6-15　阶梯剖视图

图 6-16 是采用两个平行的斜剖切平面获得的全剖视图;图 6-17 是采用两个平行的斜剖切平面获得的局部剖视图。

第6章 机件常用的表达方法

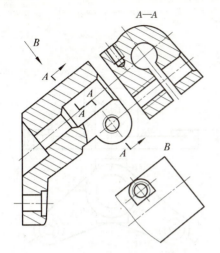

图6-16 几个平行的斜剖切平面(一)

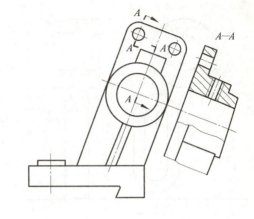

图6-17 几个平行的斜剖切平面(二)

画阶梯剖视图时应注意以下事项：

(1)剖切平面必须相互平行，并平行于同一投影面。剖切平面在投影上方不能重叠，两剖切平面的转折处不应与图上的轮廓线重合，不应画出两个剖切平面转折的分界线，如图6-15(b)所示。

(2)要选择一个恰当的位置，使之在剖视图上不致出现孔、槽等结构的不完整投影。只有当两个要素有公共对称中心线和轴线时，可以此为界各画一半，这时细点画线就是分界线，如图6-18所示。

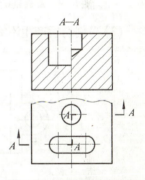

图6-18 阶梯剖视的特例

(3)必须用剖切符号表示剖切位置，在剖切平面迹线的起始、转折和终止的地方，用剖切符号(即粗短线)表示它的位置，并用相同的字母标注；在剖视图上方用相同的字母标出名称"X—X"。当剖切图按投影关系配置，中间又没有其他图形隔开时，可省略箭头，如图6-15所示。

6.2.2.3 几个相交的剖切面

用两个相交的剖切平面(交线垂直于某一基本投影面)剖开机件的方法称为旋转剖，所画出的剖视图称为旋转剖视图。其方法是先假想按剖切位置剖开机件，然后将倾斜的平面旋转到与选定的基本投影面平行后再进行投影。

如图6-19所示为采用旋转剖获得的机件全剖视图，如图6-20所示为采用旋转剖获得的半剖视图。

画旋转剖视图时应注意以下事项：

(1)旋转剖视图必须标注，标注方法与阶梯剖视图相同，但要在剖切符号外端用箭头指明投影方向，如图6-19所示。

(2)对于剖切平面后面的结构，一般应按原来的位置画出它的投影，如图6-19中长孔在左视图中的投影。

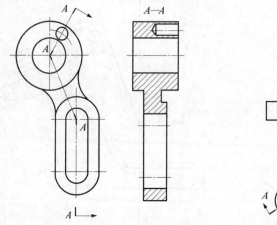

图 6-19　旋转剖的全剖视图

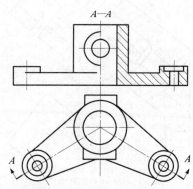

图 6-20　旋转剖的半剖视图

(3) 当剖切后产生不完整要素时,应将此部分按不剖绘制,如图 6-21 中所示的臂。

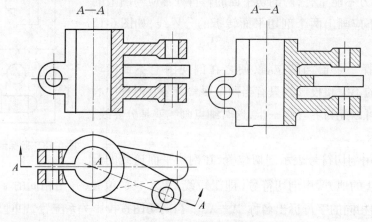

图 6-21　臂的旋转剖视图

6.2.2.4　组合的剖切平面

当机件的内部结构比较复杂,用以上各种方法不能完全清楚地表达机件的内部形状时,可以采用组合的剖切面剖开机件,这种剖切方法称为复合剖,如图 6-22 所示。

复合剖时,必须把剖切符号、箭头和字母全部标出,采用展开画法时,此时应注明 "$X—X$ 展开",如图 6-23 所示。

6.2.3　剖视图的种类

剖视图按机件被剖切范围的大小可分为全剖视图、半剖视图和局部剖视图三种。

6.2.3.1　全剖视图

用剖切面(一个或几个)将机件完全地剖开后进行投影所得到的剖视图称为全剖视图,如图 6-24 所示。全剖视图通常用于表达外部形状比较简单,内部结构比较复杂,且在

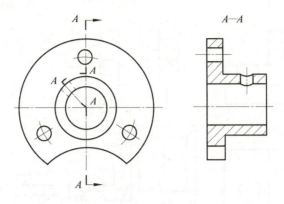

图 6-22 复合剖视图(一)

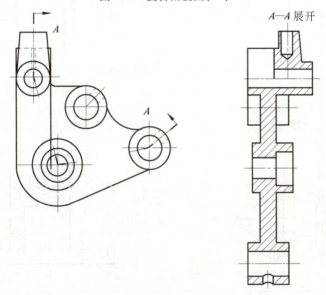

图 6-23 复合剖视图(二)

某个方向的投影不对称的机件。前面所讲的单一剖、斜剖、旋转剖、阶梯剖及复合剖中很多视图采用的是全剖视图,如图 6-18、图 6-19、图 6-22 等。

全剖视图的标注与前面所讲的剖视图的标注要求相同。

6.2.3.2 半剖视图

当机件具有对称平面时,以对称中心线为界,在垂直于对称平面的投影面上投影得到的,由半个剖视图和半个视图合并组成的图形称为半剖视图。

半剖视图主要用于内外形都需表达的对称机件,如图 6-25 所示。当机件的总形状接近于对称,且其不对称部分已另有视图表达清楚时,也允许画成半剖视图,如图 6-26 所示。

画半剖视图时要注意以下事项:

(1)画半剖视图时,半个剖视和半个视图必须以细点画线为界,不能画成粗实线。当零件的对称中心线上有轮廓线重合时,不能作半剖视,如图 6-27 所示主视图,此时应画成局部剖视图。

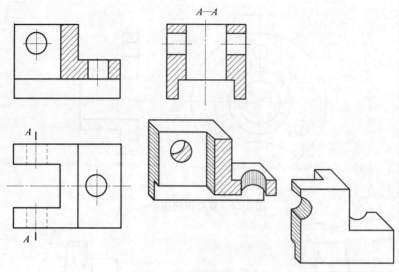

图 6-24　全剖视图及其标注

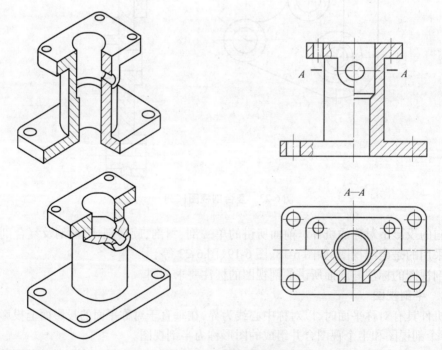

图 6-25　半剖视图及其标注

第 6 章 机件常用的表达方法

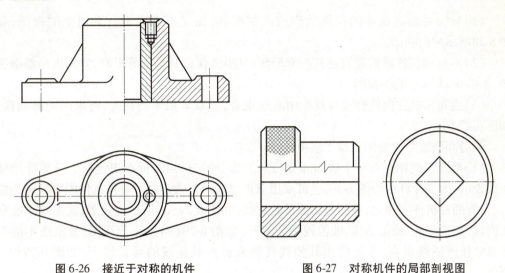

图 6-26 接近于对称的机件　　　　图 6-27 对称机件的局部剖视图

（2）因为图形对称，内腔的结构形状已在半个剖视表达清楚，故在半个视图中省略虚线。

半剖视图的标注方法与全剖视图相同。图 6-25 中主视图所采用的剖切平面通过机件的前后对称平面，所以不需要标注；而俯视图所采用的剖切平面并非通过机件的对称平面，所以在图上必须标出剖切位置和剖视图名称，但箭头可以省略。

6.2.3.3 局部剖视图

当零件的内部形状只有部分需要表达时，可用剖切面局部地剖开机件，并用波浪线或双折线表示剖切范围，这样所得的剖视图称为局部剖视图。图 6-25 所示的主视图和图 6-28 所示的主视图和俯视图均采用了局部剖视图。

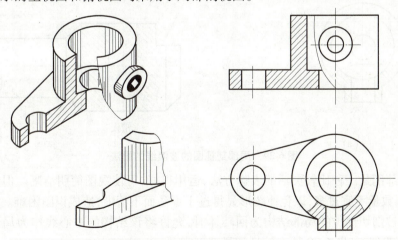

图 6-28 支架的局部剖视图

局部剖视是一种比较灵活的表达方法，不受机件是否对称的限制，确定剖切位置、范围可根据实际需要决定。但使用时要考虑到看图方便，剖切不要过于零碎。它常用于下列几种情况：

(1) 只需要表达机件的局部结构的内部形状，而又不必或不宜采用全剖视图，如图 6-28 所示的俯视图。

(2) 不对称机件既需要表达其内部形状，又需要保留其局部外形时，宜采用局部剖视图，如图 6-28 所示的主视图。

(3) 当对称机件的轮廓线与对称中心线重合，不宜采用半剖视时，可采用局部剖视，如图 6-27 所示。

画局部剖视图时要注意以下事项：

(1) 局部剖视图存在一个被剖部分与未剖部分的分界线，标准规定这个分界线用波浪线表示，为了计算机绘图方便，也可采用双折线表示。波浪线可看作机件断裂痕迹的投影，只能画在机件实体上，不能超出图形轮廓线，如图 6-29(a) 所示主视图；波浪线不能穿孔而过，如遇到孔、槽等结构，波浪线必须断开，如图 6-29(a) 所示俯视图；波浪线不能与图形中任何图线重合，也不能用其他线代替或画在其他线的延长线上，如图 6-29(b) 所示。

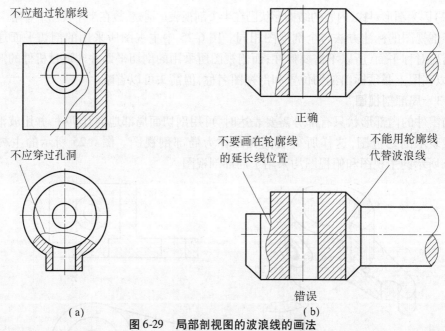

图 6-29　局部剖视图的波浪线的画法

(2) 局部剖是一种比较灵活的表达方法，运用得好，可使视图简明清晰。但在同一视图中局部剖数量不宜过多，以免使图形显得过于零乱而不清晰，造成识图困难。

(3) 当被剖切部位的局部结构为回转体时，允许将该结构的中心线作为局部剖视图与视图的分界线，如图 6-30 所示拉杆的局部剖视图。

(4) 必要时，允许在剖视图的剖面中再作一次局部剖（《技术制图 简化表示法 第 1 部分：图样画法》(GB/T 16675.1—2012) 的 5.6 条）。采用这种表达方法时，两个剖面的剖面线方向、间隔应相同，但剖面线要互相错开，同时应进行标注，标注出剖切位置，并用引出线标注不同局部剖视各自的名称，如图 6-31 中 "$A—A$" "$B—B$"，这种剖视称为 "剖中剖"。

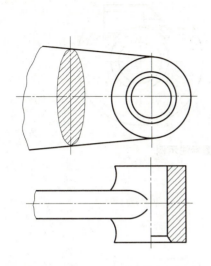
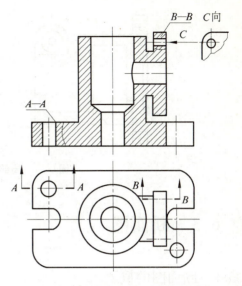

图 6-30　局部剖视图以中心线为界线的画法　　图 6-31　剖视图中再作一次局部剖

（5）在绘制局部剖视图时，有两种表示形式：一种是直接在原视图上表示，即用波浪线或中心线作为被剖部分和未剖部分的分界线，如图 6-28 和图 6-29 所示；而另一种则是移出原视图表示，如图 6-32 所示。有时移出原视图的局部剖视图可旋转绘制，如图 6-33 所示。由此可见，移出原视图的局部剖视图的绘制和表示规则与按向视图配置形式配置的局部视图类似。

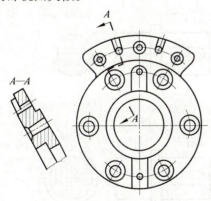
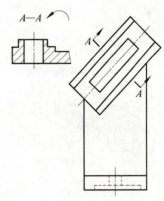

图 6-32　移出局部剖视图　　　　　图 6-33　旋转绘制的移出局部剖视图

对于剖切位置明显的局部剖视图，一般不必标注。若剖切位置不够明显，则应进行标注，如图 6-34 中 A—A 剖视。

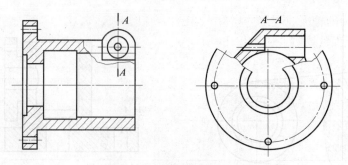

图 6-34　局部剖视图标注示例

6.3　断面图

6.3.1　断面图的概念

假想用剖切面将机件在某处切断,仅画出该剖切面与机件接触部分的图形,并画上规定的剖面符号,这种图形就称为断面图,简称为断面。断面图常用来表示机件的断面形状,如图 6-35(b)所示。

断面图与剖视图的区别:断面图仅画出被剖切机件的断面图形,而剖视图除画出被剖切机件的断面图形外,还要画出剖切平面后边的所有可见轮廓的投影,如图 6-35(c)所示。

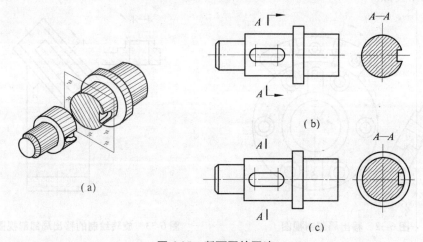

图 6-35　断面图的画法

6.3.2　断面图的种类

根据断面图在绘制时所配置的位置不同,可分为移出断面图和重合断面图两种。

6.3.2.1　移出断面图

把断面图配置在视图之外,称为移出断面图。如图 6-35(b)所示,断面即为移出断面。移出断面图的轮廓线规定用粗实线绘制,并在断面上画出剖面符号。

(1)移出断面的配置原则有以下几点:

①移出断面应尽量配置在剖切符号或剖切平面迹线的延长线上,如图6-36(b)、(c)所示,也可按投影关系配置,如图6-35(b)所示。

②必要时移出断面图可配置在图纸的其他适当位置,如图6-36中(a)、(d)所示。在不引起误解时,允许将图形旋转,其标注形式见图6-37。

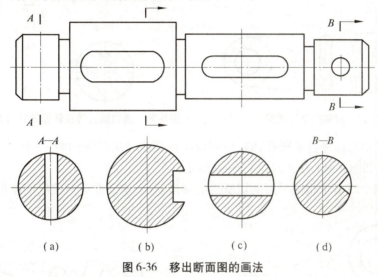

图6-36 移出断面图的画法

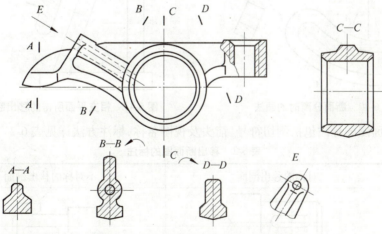

图6-37 配置在适当位置的移出断面图

③断面图形对称时,移出断面图可配置在视图的中断处,如图6-38所示。

(2)当剖切平面通过由回转面形成的圆孔、凹坑等结构的轴线时,断面图应按剖视画出,如图6-39所示。

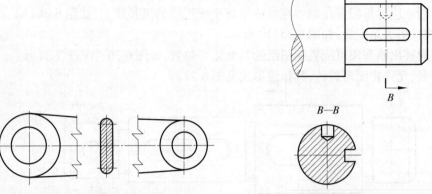

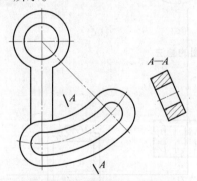

图 6-38　对称的断面图形　　　图 6-39　通过圆孔等回转面的轴线时断面图

（3）当剖切平面通过非圆孔、槽，会导致出现完全分离的断面时，这样的断面图也应按剖视画出，如图 6-36（a）、(c)及图 6-40 所示。

（4）由两个或多个相交平面剖切所得的移出断面，中间部分一般应用波浪线断开，如图 6-41 所示。

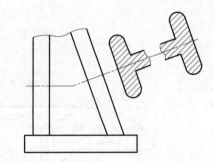

图 6-40　断面分离时的画法　　　图 6-41　相交平面所得的移出断面图

移出断面图的标注包括剖切符号、箭头及视图名称，标注方法详见表 6-2。

表 6-2　移出断面图的标注

剖面位置	对称的移出剖面	不对称的移出剖面
在剖切符号延长线上		
	省略标注箭头、字母	省略字母

续表 6-2

剖面位置	对称的移出剖面	不对称的移出剖面	
不在剖切符号延长线上	（图示）	按投影关系配置	（图示）省略箭头
	省略箭头	不按投影关系配置	（图示）标注剖切符号、箭头、字母

6.3.2.2 重合断面图

在不影响图形清晰的情况下,在视图轮廓之内画出的断面称为重合断面。如图 6-42 所示的断面即为重合断面。为避免与视图中的线条混淆,重合断面的轮廓线用细实线绘制,并在断面上画出剖面符号。

画重合断面视图时应注意以下事项:

(1) 当重合断面的轮廓线与视图的轮廓线重合时,视图中轮廓线应连续画出,不可间断,如图 6-42(a)所示。

(2) 当重合断面为不对称图形时,需标注其剖切符号和箭头,如图 6-42(a)所示;当重合断面为对称图形时,一般不必标注,如图 6-42(b)、(c)所示。

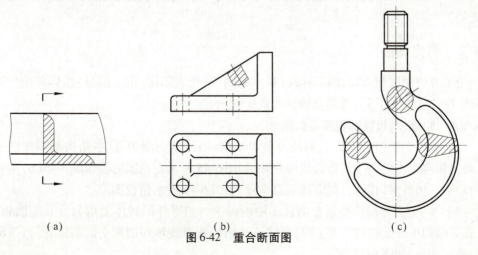

(a)　　　　　　　(b)　　　　　　　(c)
图 6-42　重合断面图

6.4 其他表达方法

机件除视图、剖视图、断面图等表达方法外,对机件上的一些特殊结构还可以采用一些规定画法和简化画法。

6.4.1 局部放大图

当按一定比例画出机件的视图后,如果某些细小结构在视图中表达得还不够清楚,或不便于标注尺寸时,可将这些部分用大于原图形所采用的比例单独画出,这种图称为局部放大图,如图 6-43 所示。

画局部放大图时应注意以下事项:

(1)画局部放大图时,在视图上画一细实线圆圈限定放大部位,并把局部放大图尽量配置在被放大部位附近。如果同一个机件上有好几处被放大,必须用罗马数字依次标注放大部位,并在局部放大图的上方标注出相应的罗马数字和所采用的比例,如图 6-43 所示。若机件上仅有一处被放大,则只需在局部放大图上方标注所采用的比例,省略罗马数字的标注。

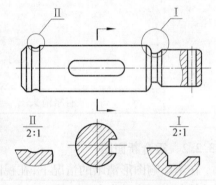

图 6-43 局部放大图(一)

(2)局部放大图可根据表达需要画成视图、剖视或断面图,它与被放大部分的表达方式无关,如图 6-43 中局部放大图就画成了剖视形式。

(3)同一机件上不同部位的局部放大图相同或对称时,只需画出一个局部放大图;必要时可用几个图形来表达同一个被放大部分的结构,如图 6-44 所示。

(4)局部放大图中标注的比例为放大图尺寸与实物尺寸之比,而与原图所采用的比例无关。

6.4.2 简化画法

为了方便制图和读图,国家标准《技术制图 简化表示法 第 1 部分:图样画法》GB/T 16675.1—2012 列出了一些简化画法和规定画法。

6.4.2.1 轮辐、肋板在剖视图中的画法

(1)对于机件上的肋板、轮辐及薄壁等结构,如按纵向剖切,这些结构都不画剖面符号,而用粗实线将它们与其相邻结构分开,如图 6-45 所示左视图的肋和图 6-46(b)主视图中的轮辐。如按横向剖切,则应画剖面符号,如图 6-45 所示俯视图。

(2)均匀分布的结构要素在剖视图中的画法。当零件回转体上均匀分布的肋板、轮辐、孔等结构不处于剖切平面上时,可将这些结构假想旋转到剖切平面的位置,再按剖切后的形状画出,如图 6-47 所示。

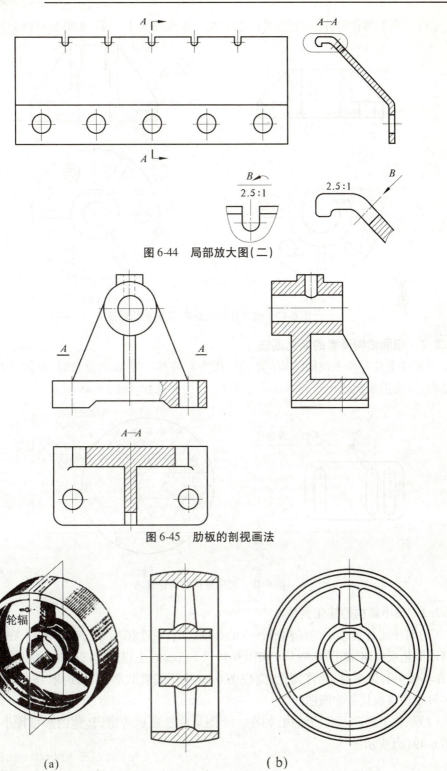

图 6-44 局部放大图(二)

图 6-45 肋板的剖视画法

图 6-46 轮辐在剖视图中的画法

(3)当图形对称时,除主视图外可以只画一半或略大于一半,如图6-47(a)所示。

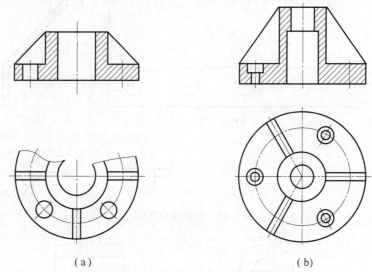

图6-47　均匀分布的肋板、孔的剖切画法

6.4.2.2　相同结构要素的简化画法

当机件上具有若干相同结构(齿、槽、孔等),并按一定规律分布时,只需画出几个完整结构,其余用细实线相连或标明中心位置,并注明总数,如图6-48所示。

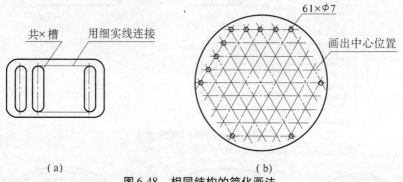

图6-48　相同结构的简化画法

6.4.2.3　较小结构的简化画法

(1)对于机件上较小的结构所产生的交线,如在一个图形中已表示清楚,在其他图形中可以简化或省略,如图6-49(a)和图6-49(b)所示的主视图。图形中的相贯线或过渡线,在不致引起误解时,允许简化,如在图6-50中用圆弧代替非圆曲线,在图6-49(a)和图6-51中用直线代替非圆曲线。

(2)机件上斜度不大的结构,如在一个图形中已表达清楚,其他图形可按小端画出,如图6-49(c)所示。

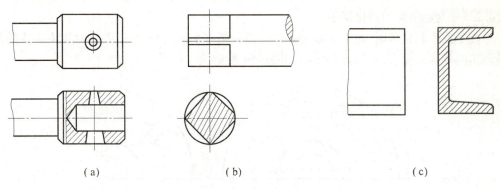

图 6-49 较小结构的简化画法

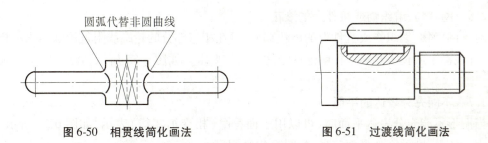

图 6-50 相贯线简化画法　　　　　图 6-51 过渡线简化画法

（3）在不致引起误解时，零件上的小圆角、锐边的小倒角或 45°小倒角允许省略不画，但必须注明尺寸或在技术要求中加以说明，如图 6-52 所示。

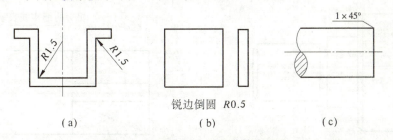

图 6-52 小圆角、小倒角的简化画法

6.4.2.4 较长机件的折断画法

较长的机件（轴、杆、型材等），沿长度方向的形状一致或按一定规律变化时，可断开缩短绘制，但必须按原来实长标注尺寸，如图 6-53 所示。

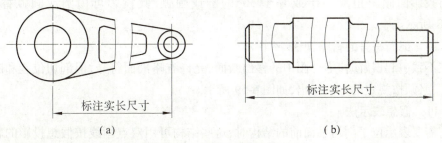

图 6-53 长机件的折断画法

6.4.2.5　对称机件的简化画法

在不致引起误解时,对称机件的视图可以只画一半或四分之一,并在对称中心线的两端画出两条与其垂直的平行细实线,如图 6-54 所示。

图 6-54　对称机件的简化画法

6.4.2.6　网状物、编织物或机件上的滚花

对于网状物、编织物或机件上的滚花部分,可在相应部分的轮廓线附近用细实线示意画出,并在图上或技术要求中标明这些结构的具体要求。如图 6-55 所示为滚花的示意画法。

6.4.2.7　不能充分表达的平面

当图形不能充分表达平面时,可以用平面符号(相交细实线)表示,如图 6-56 所示。如已表达清楚,则可不画平面符号,如图 6-49(b)所示。

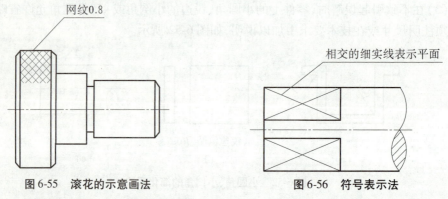

图 6-55　滚花的示意画法　　　　　图 6-56　符号表示法

6.4.2.8　法兰盘上的孔

圆柱形法兰和类似零件上均布的孔,可按图 6-57 所示的方法绘制。

6.4.2.9　圆的投影为椭圆的简化画法

与投影面倾斜角度小于或等于 30°的圆或圆弧,其投影可用圆或圆弧替代,如图 6-58 所示。

6.4.2.10　剖面符号的省略画法

在不致引起误解时,零件图中的移出断面,允许省略剖面符号,但剖切位置和断面图的标注,必须按规定的方法标出,如图 6-59 所示。

6.4.2.11　假想表示法

在需要表示位于剖切平面前的结构时,这些结构可用双点画线按假想投影的轮廓线绘制,如图 6-60 所示。

第 6 章　机件常用的表达方法

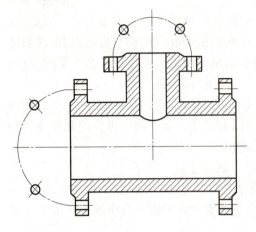

图 6-57　圆柱形法兰上孔的简化画法

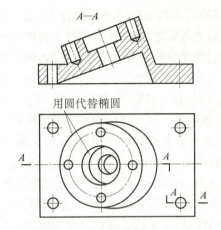

图 6-58　与投影面倾斜角度小于或等于 30°的圆或圆弧

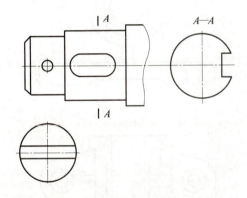

图 6-59　移出剖面的简化画法

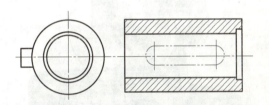

图 6-60　被剖掉结构的假想画法

6.5　表达方法综合应用举例

在绘制机件的图样时，先应考虑看图方便，在正确、完整、清晰地表达机件各部分形状的前提下，力求制图简便。

同一机件可以有多种表达方案，每种方案各有其优缺点，较好的表达方案是用较少数量的图形，将机件的形状结构完整、清晰而又简练地全部表达出来。实际绘图时，到底选用哪种表达方法应根据机件结构特点的具体情况选择使用。因此，只有多看生产图纸，并细心琢磨，才能正确、灵活地运用各种表达方法，进行综合分析、比较，确定出较好的表达方案。

表达方法选用原则如下所述：

（1）视图数量应适当。在看图方便的前提下，完整、清晰地表达机件，视图的数量要少，但也不是越少越好，如果由于视图数量的减少而增加了看图的难度，则应适当补充视图。

（2）合理地综合运用各种表达方法。视图的数量与选用的表达方案有关。因此，在确定表达方案时，既要注意使每个视图、剖视图和断面图等具有明确的表达内容，又要注意它们之间的相互联系及分工，以达到表达完整、清晰的目的。在选择表达方案时，应首先考虑主体结构和整体的表达，然后针对次要结构及细小部位进行修改和补充。

（3）比较表达方案，择优选用。同一机件，往往可以采用多种表达方案。不同的视图数量、表达方法和尺寸标注方法可以构成多种不同的表达方案。同一机件的几种表达方案相比，可能各有优缺点，但要认真分析，择优选用。

以图 6-61 所示支架为例，提出几种表达方案并进行比较。

方案一：如图 6-62 所示，采用了主视图和俯视图两个视图。主视图采用局部剖视，表达安装孔；俯视图采用了 A—A 全剖视，表达了左端圆锥台内的螺孔与中间大孔的关系及底板的形状；十字肋的形状是用虚线表示的。

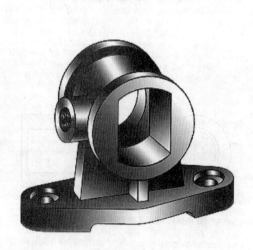

图 6-61 支架

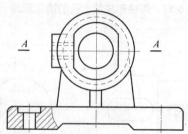

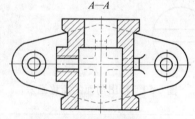

图 6-62 支架的表达方案一

此方案虽然视图数量较少，但因虚线较多图形不够清晰；各部分的相对位置表达不够明显，给读图带来一定困难，所以不可取。

方案二：如图 6-63 所示，它在方案一基础上做了改进，用全剖左视图来表达支架的内部结构形状；为了清楚地表达十字肋的形状，增加了一个 B—B 移出断面图。

方案三：如图 6-64 所示，主视图和左视图作了局部剖视，不仅把支架的内部结构表达清楚了，而且保留了部分外部结构，使得外部形状及其相对位置的表达优于方案二。俯视图采用了 B—B 全剖视，突出表现了十字肋与底板的形状及两者的位置关系，从而避免重复表达支架的内部结构，并省去一个断面图。

综合以上分析：方案三的各视图表达意图清楚，剖切位置选择合理，支架内外形状表达基本完整，层次清晰，图形数量适当，便于作图和读图。因此，方案三是一个较好的表达方案。

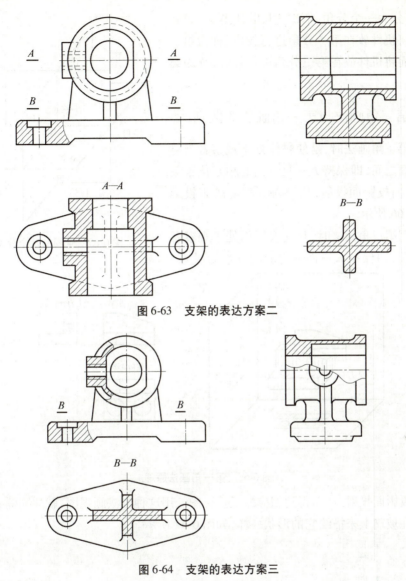

图 6-63 支架的表达方案二

图 6-64 支架的表达方案三

6.6 第三角画法简介

国家标准《机械制图》图样画法中规定,我国绘制技术图样应以正投影法为主,并采用第一角画法,必要时(如按合同规定等),允许采用第三角画法。世界上有些国家(如英国、美国等)的图样是按正投影法并采用第三角画法绘制的,下面对第三角画法作一简要介绍。

6.6.1 第三角投影法的概念

如图 6-65 所示,由三个互相垂直相交的投影面组成的投影体系,把空间分成了八个部分,每一部分为一个分角,依次为Ⅰ、Ⅱ、Ⅲ、Ⅳ、⋯、Ⅶ、Ⅷ分角。将机件放在第一分角进行投影,称为第一角画法。而将机件放在第三分角进行投影,称为第三角画法。

6.6.2 第三角画法与第一角画法的区别

采用第一角画法时,是使物体处于观察者与对应的投影面之间,即保持人—物—面的相互位置关系,将机件向投影面投射,从而得到相应的正投影图,如图 6-66 所示。

而采用第三角画法时,是使投影面处于观察者与物体之间,即保持人—面—物的相互位置关系,

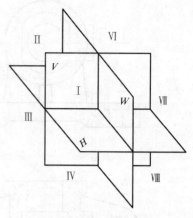

图 6-65　空间的八个分角

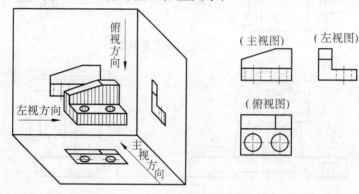

图 6-66　第一角画法原理

将机件向投影面投射,从而得到相应的正投影图。用这种方法画视图,就如同隔着玻璃观察物体而在玻璃上来描绘它的形状一样,如图 6-67 所示。

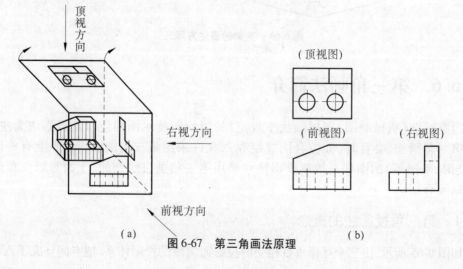

图 6-67　第三角画法原理

采用第三角画法时,由前向后投射,在投影面 V 上得到的投影称为前视图;由上向下投射,在投影面 H 上得到的投影称为顶视图;由右向左投射,在投影面 W 上得到的投影称为右视图。各投影面的展开方法是:V 面不动,H 面向上旋转 90°,W 面向右旋转 90°,使三投影面处于同一平面内,如图 6-67(a) 所示。展开后三视图的配置关系如图 6-67(b) 所示。

采用第三角画法时也可以将物体放在正六面体中,分别从物体的六个方向向各投影面进行投影,得到六个基本视图,即在三视图的基础上增加了后视图(从后往前看)、左视图(从左往右看)、底视图(从下往上看)。展开后六视图的配置关系如图 6-68(b) 所示。

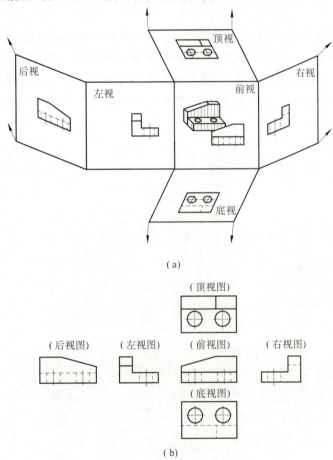

图 6-68　第三角画法投影面展开及视图的配置

由于第三角投影法的视图也是按正投影法绘制的,因此六个基本视图之间长、宽、高三方向的对应关系仍符合正投影规律,这与第一角投影法相同。

在国际标准中规定,可以采用第一角画法,也可以采用第三角画法。为了区别这两种画法,国家标准 GB/T 14692—2008 中规定了相应的识别符号,如图 6-69 所示。一般将识别符号配置在标题栏附近,如采用第三角画法,必须在图样中画出第三角画法识别符号;如采用第一角画法,必要时也应画出其识别符号。

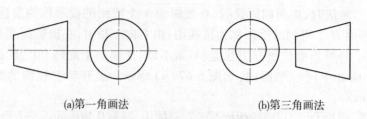

(a)第一角画法　　　　　　　(b)第三角画法

图 6-69　两种画法的识别符号

本章小结

本章主要介绍国家标准《技术制图　图样画法　剖视图和断面图》(GB/T 17452—1998)、《机械制图　图样画法　剖视图和断面图》(GB 4458.6—2002)图样画法中规定的一些常用表达方法，包括视图、剖视图、断面图、简化画法等常用表达方法。在图样的绘制过程中，只有熟练掌握，灵活运用适当的表达方法，才能正确、完整、清晰、简洁地将机件表达清楚。

第 7 章　标准件与常用件

【本章导读】

机器的功能不同,其机件的数量、种类和形状均不同。但有一些零件被广泛、大量地在各种机器上频繁使用,如螺栓、螺钉、螺母、垫圈、键、销和滚动轴承等,这些被大量使用的机件,有的在结构、尺寸、画法和标记等各个方面都已标准化,称为标准件;有的已将部分重要参数标准化、系列化,称为常用件,如齿轮、弹簧等。由于标准化,这些零件可组织专业化大批量生产,以提高生产效率和获得质优价廉的产品。在进行设计、装配和维修机器时,可以按规格选用和更换。本章将着重介绍有关标准件、常用件的结构、画法和标记。

【学习目标】

了解标准件与常用件的基本知识。

了解机器中主要标准件和齿轮的结构、种类和规定画法。

7.1　螺纹和螺纹紧固件

7.1.1　螺纹的形成、结构和要素

7.1.1.1　螺纹的形成和结构

螺纹是在圆柱或圆锥的表面上,沿着螺旋线所形成的具有相同轴向剖面的连续凸起和沟槽。实际上可以认为是由平面图形(三角形、梯形、矩形等)绕着和它共面的轴线作螺旋运动所形成的轨迹。加工在圆柱或圆锥外表面的螺纹称为外螺纹,加工在圆柱或圆锥内表面的螺纹称为内螺纹。

螺纹是根据螺旋线的原理加工而成的。螺纹的加工方法很多,如图 7-1(a)、(b)所示为在车床上加工内、外螺纹的示意图。在车削螺纹时,零件在车床上绕轴线等速旋转,刀具沿轴线方向作等速直线运动,刀尖相对工件即形成螺旋线运动。只要刀具切入零件一定深度,就车削成螺纹。由于刀刃的形状不同,在工件表面切去部分的截面形状也不同,所以可以加工出各种不同的螺纹。如图 7-1(c)所示为用板牙加工外螺纹。加工直径较小的螺孔,可先用钻头钻出光孔,再用丝锥攻丝得到螺纹,如图 7-1(d)所示。

为了防止螺纹的起始圈损坏和便于装配,通常在螺纹起始处作出一定形式的末端,如倒角、倒圆等,如图 7-2 所示。

车削螺纹时,刀具接近螺纹末尾处要逐渐离开工件,因此螺纹收尾部分的牙型是不完整的,螺纹的这一段不完整的收尾部分称为螺尾,如图 7-3(a)所示。为了避免产生螺尾,可预先在螺纹末尾处加工出退刀槽,然后车削螺纹,如图 7-3(b)、(c)所示。

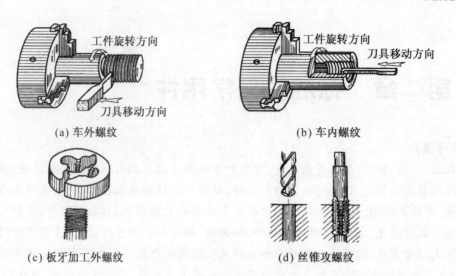

图 7-1　螺纹的加工

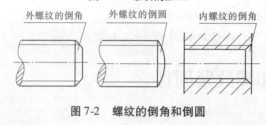

图 7-2　螺纹的倒角和倒圆

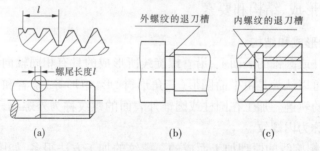

图 7-3　螺纹的收尾和退刀槽

7.1.1.2　螺纹的要素

螺纹的要素包括螺纹牙型、螺纹直径、线数、螺距、导程、旋向等。下面以最常用的圆柱螺纹为例分别介绍。

(1) 螺纹牙型。在通过螺纹轴线的剖面上,螺纹的轮廓形状称为螺纹牙型,它由牙顶、牙底和两个侧构成,并形成一定的牙型角,如图 7-4 所示。常见的牙型有三角形、梯形、锯齿形、矩形等,不同牙型的螺纹有不同的用途。

(2) 螺纹直径。

①大径,与外螺纹牙顶或内螺纹牙底相重合的假想圆柱面或圆锥面的直径(内、外螺纹分别用 D、d 表示)。

②小径,与外螺纹牙底或内螺纹牙顶相重合的假想圆柱面或圆锥面的直径(内、外螺

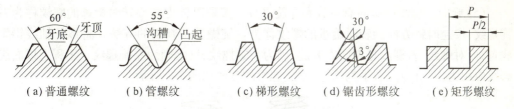

图 7-4 螺纹牙型

纹分别用 D_1、d_1 表示)。

外螺纹的大径 d 与内螺纹的小径 D_1 又称顶径,外螺纹的小径 d_1 与内螺纹的大径 D 又称底径。

③中径,在大径与小径之间,其母线通过牙型沟槽宽度和凸起宽度相等的假想圆柱面或圆锥面的直径称为中径(内、外螺纹分别用 D_2、d_2 表示)。中径是控制螺纹精度的主要参数之一,如图 7-5 所示。

④公称直径,即代表螺纹尺寸的直径,一般指螺纹大径(管螺纹用尺寸代号表示)。

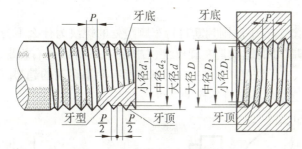

图 7-5 螺纹直径

(3)线数。螺纹有单线和多线之分。沿一条螺旋线形成的螺纹称为单线螺纹,沿两条或两条以上且在轴向等距分布的螺旋线所形成的螺纹称为多线螺纹。螺纹的线数用 n 表示,常用的是单线螺纹,如图 7-6 所示。

(4)螺距、导程。相邻两牙在中径线上对应两点间的轴向距离称为螺距,用 P 表示。同一条螺旋线上的相邻两牙在中径线上对应两点间的轴向距离称为导程,用 P_h 表示。如图 7-6 所示,导程、螺距和线数之间的关系为

$$导程(P_h) = 螺距(P) \times 线数(n)$$

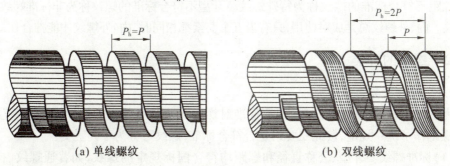

图 7-6 螺纹线数、螺距和导程

(5) 旋向。螺纹的旋向有右旋和左旋之分。按顺时针方向旋转时旋进的螺纹称为右旋螺纹，按逆时针方向旋转时旋进的螺纹称为左旋螺纹。判别的方法是将螺杆轴线铅垂放置，面对螺纹，若螺纹自左向右升起，则为右旋螺纹，反之则为左旋螺纹。工程上以右旋螺纹应用为多。以左、右手判断左、右旋螺纹的方法如图 7-7 所示。

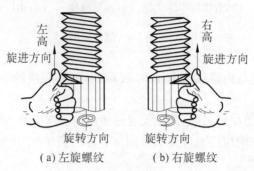

图 7-7　螺纹的旋向

【例 7-1】　利用左、右手法则判断自行车脚蹬处的螺纹为什么不会自然松动？

解：自行车左脚蹬处的螺纹是左旋螺纹，右脚蹬处的螺纹是右旋螺纹。脚蹬的转向如图 7-8 所示，利用左、右手法则可知左、右两脚蹬都有向里运动的趋势，两脚蹬处的内外螺纹只会旋合得越来越紧而不会自然松动。

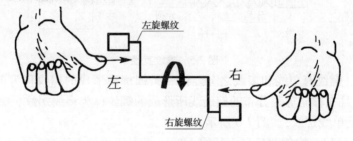

图 7-8　自行车脚蹬

在螺纹的五个要素中，螺纹的牙型、直径和螺距是决定螺纹的最基本的要素，称为螺纹的三要素。牙型、大径和螺距均符合国家标准的螺纹称为标准螺纹。牙型符合标准、大径或螺距不符合标准的螺纹称为特殊螺纹。牙型不符合标准的螺纹称为非标准螺纹，如方牙螺纹。内、外螺纹总是成对使用，只有当五个要素都相同时，内、外螺纹才能拧合在一起。

7.1.2　螺纹的种类

7.1.2.1　按螺纹要素分

为了便于设计、制造和选用，国家标准对螺纹 5 项基本要素中的牙型、公称直径（大径）、螺距作了统一规定，按此三要素是否符合标准，螺纹可分为下列三类：

(1) 标准螺纹。牙型、公称直径和螺距均符合国标规定的螺纹，如普通螺纹、梯形螺纹、锯齿形螺纹等。

(2) 特殊标准螺纹。牙型符合标准，公称直径或螺距不符合国标规定的螺纹。

(3)非标准螺纹。牙型不符合标准的螺纹,如矩形螺纹。

7.1.2.2 按螺纹用途分

螺纹按其用途可以分为以下几类:

(1)连接螺纹。用于各种紧固连接,如普通螺纹、管螺纹。普通螺纹有粗牙普通螺纹和细牙普通螺纹之分。管螺纹用于管道的连接,包括55°非螺纹密封的管螺纹和55°螺纹密封的管螺纹。

(2)传动螺纹。用于各种螺旋传动中,传递运动和动力,如梯形螺纹、锯齿形螺纹。

常用标准螺纹的牙型、代号及用途见表7-1。

表7-1 常用标准螺纹的种类和代号

螺纹分类及特征代号			牙型及牙型角	说明
连接螺纹	普通螺纹	粗牙普通螺纹(M)	60°	用于一般零件的连接,是应用最广的连接螺纹
		细牙普通螺纹(M)		在大径相同的情况下,螺距比粗牙螺纹小,多用于精密零件,薄壁零件或负荷大的零件
	管螺纹	55°非螺纹密封的管螺纹(G)	55°	用于非螺纹密封的低压管路的连接,如自来水管、煤气管等
		55°螺纹密封的管螺纹 圆锥外螺纹 R_1 或 R_2	55°	用于螺纹密封的中高压管路的连接
		55°螺纹密封的管螺纹 圆锥内螺纹 (R_C)	55°	
		55°螺纹密封的管螺纹 圆柱内螺纹 (R_P)	55°	
传动螺纹		梯形螺纹(Tr)	30°	传递动力用,如机床丝杠等
		锯齿形螺纹(B)	30°/3°	传递单向动力,如螺旋泵

7.1.3 螺纹的规定画法

螺纹一般不按真实投影作图,而是按国家标准《机械制图 螺纹及螺纹紧固件表示法》(GB/T 4459.1—1995)规定的螺纹画法绘制。按此画法作图并加以标注,就能清楚地表示螺纹的类型、规格和尺寸。

7.1.3.1 外螺纹的画法

(1)螺纹的牙顶(大径)用粗实线表示,牙底(小径)用细实线表示,螺杆的倒角或倒圆部分也应画出。通常小径按大径的 0.85 倍绘制,但当大径较大或画细牙螺纹时,小径数值应查国家标准。螺纹终止线用粗实线绘制,如图 7-9(a)所示。

(2)在投影为圆的视图中,外螺纹牙顶(大径)用粗实线画整圆,外螺纹牙底(小径)用细实线画约 3/4 圆,倒角圆省略不画,如图 7-9(a)、(b)所示。

(3)在剖视图中,螺纹终止线只画出大径和小径之间的部分,剖面线应画到粗实线处,如图 7-9(b)所示。

(4)螺尾部分一般不必画出,当需要表示螺纹收尾时,螺尾处用与轴线成 30°角的细实线绘制,如图 7-9(c)所示。

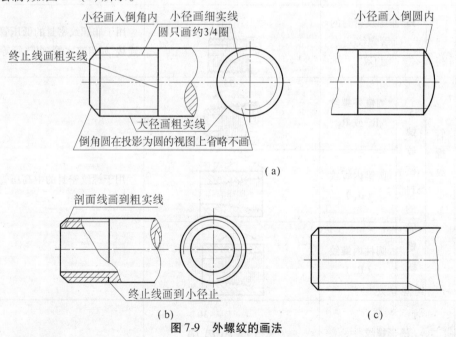

图 7-9 外螺纹的画法

7.1.3.2 内螺纹的画法

(1)内螺纹一般画成剖视图,内螺纹牙顶(小径)用粗实线表示,且不画入倒角区,小径尺寸计算同外螺纹;内螺纹牙底(大径)用细实线表示,剖面线画到粗实线为止;螺纹终止线用粗实线表示,如图 7-10 所示。在绘制不通孔时,应画出螺纹终止线和钻孔深度线。钻孔深度 = 螺孔深度 +0.5×螺纹大径;钻孔直径 = 螺纹小径;钻孔顶角 =120°;剖面线画到粗实线处。

(2)在投影为圆的视图中,内螺纹牙顶(小径)用粗实线画整圆,内螺纹牙底(大径)

用细实线画约 3/4 圆,倒角圆省略不画,如图 7-10(a)所示。

(3) 不作剖视或当螺纹不可见时,除螺纹轴线、圆中心线外,大径、小径、螺纹终止线均用虚线绘制,如图 7-10(b)所示。

(4) 当内螺纹为通孔时,其画法如图 7-10(c)所示。

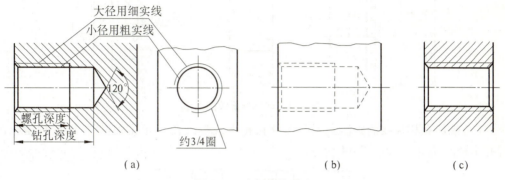

图 7-10 内螺纹的画法

7.1.3.3 内、外螺纹旋合的画法

内、外螺纹旋合时,常采用全剖视图画出,其旋合部分按外螺纹绘制,其余部分按各自的规定画法绘制。画图时必须注意,表示外螺纹牙顶的粗实线、牙底的细实线,必须分别与表示内螺纹牙底的细实线、牙顶的粗实线对齐,这与倒角大小无关,它表明内、外螺纹具有相同的大径和相同的小径。标准规定,当垂直于螺纹轴线剖开时,螺杆处应画剖面线。当沿外螺纹的轴线剖开时,螺杆作为实心零件按不剖绘制,如图 7-11 所示。

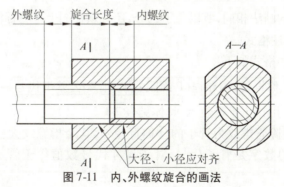

图 7-11 内、外螺纹旋合的画法

7.1.3.4 其他规定画法

(1) 锥螺纹的画法。如图 7-12 所示,在垂直于轴线投影面的视图中,左视图上按螺纹的大端绘制,右视图上按螺纹的小端绘制。

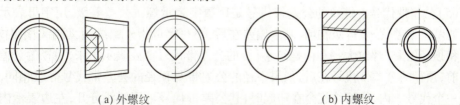

图 7-12 锥螺纹的画法

(2) 非标准螺纹的画法。如图 7-13 所示,应画出螺纹牙型,并标注出所需的尺寸及有

关要求。

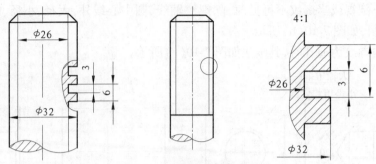

图 7-13 非标准螺纹的画法

(3) 螺纹孔相贯线的画法。当两螺纹孔相贯或螺纹孔与光孔相贯时，国标规定只画螺孔小径的相贯线，如图 7-14 所示。

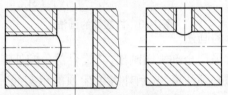

图 7-14 螺纹孔相贯线的画法

7.1.4 螺纹的标记及标注方法

因为各种螺纹的画法相同，所以为了区分，还必须在图上进行标注。

7.1.4.1 螺纹的标注格式

螺纹完整的标注格式如下：

| 螺纹代号 | 公称直径 × 导程(P 螺距) 旋向 − 公差带代号 − 旋合长度代号 |

(1) 螺纹代号。用拉丁字母表示，具体见表 7-1。

(2) 公称直径。除管螺纹为管子的公称直径外，其余指螺纹大径。注意对管螺纹而言，特征代号后边的数字是管子代号，管子尺寸代号数值等于管子的内径，单位为 in (1 in = 25.4 mm)。

(3) 螺距。粗牙普通螺纹和圆柱管螺纹、圆锥管螺纹、圆锥螺纹均不必标注螺距。而细牙螺纹、梯形螺纹、锯齿形螺纹必须标注。多线螺纹应标注"导程(P 螺距)"。

(4) 旋向。右旋螺纹不标注旋向，左旋螺纹必须标注"LH"。

(5) 公差带代号。螺纹的公差带代号是用数字表示螺纹公差等级，用字母表示螺纹公差的基本偏差；公差等级在前，基本偏差在后，小写字母指外螺纹，大写字母指内螺纹。中径和顶径(指外螺纹大径和内螺纹小径)的公差带代号都要表示出来，中径的公差带代号在前，顶径的公差带代号在后，如果中径的公差带与顶径的公差带代号等级相同，则只标注一个代号。内、外螺纹旋合在一起时，其公差带代号可用斜线分开，左边表示内螺纹公差带代号，右边表示外螺纹公差带代号。

(6) 旋合长度代号。旋合长度是指两个相互旋合的螺纹沿螺纹轴线方向相互旋合部分的长度。普通螺纹的旋合长度分为三组,即短旋合长度(S)、中等旋合长度(N)和长旋合长度(L),其中 N 省略不标。

7.1.4.2 标准螺纹标注示例

标准螺纹标注示例如表 7-2 所示。

表 7-2 标准螺纹的标注示例

螺纹类别		标注示例	说明
连接螺纹	粗牙普通螺纹	M10-6H	螺纹的公称直径为 10,粗牙螺纹螺距不标注,右旋不标注,中径和顶径公差带相同,只标注一个代号 6H
	细牙普通螺纹	M20×2LH-5g6g-s	螺纹的公称直径为 20,细牙螺纹螺距应标注为 2,左旋螺纹要标注"LH",中径与顶径的公差带不同,则分别标注 5g 与 6g,短旋合长度标注"s"
	非螺纹密封的管螺纹	G1A	非螺纹密封的管螺纹,外管螺纹的尺寸代号为 1,中径公差等级为 A 级,管螺纹为右旋
	螺纹密封的管螺纹	Rc3/4LH	圆锥内螺纹的尺寸代号为 3/4,左旋,公差等级只有一种,省略不标注
传动螺纹	梯形螺纹	TF40×14(P7)-7e	梯形螺纹的公称直径为 40,导程 14,螺距 7,线数为 2,左旋,中径公差带代号为 7e,中等旋合长度
	锯齿形螺纹	B32×6-7e	锯齿形螺纹的公称直径为 32,螺距为 6,单线,右旋,中径公差带代号为 7e,中等旋合长度

普通螺纹、梯形螺纹和锯齿形螺纹在图上以尺寸方式标记,而管螺纹标记一律注在引出线上,引出线应由大径处引出。

管螺纹公差等级代号:外螺纹分 A、B 两级标,内螺纹则不标记。

7.1.4.3 特殊螺纹与非标准螺纹的标注

（1）特殊螺纹的标注，应在牙型符号前加注"特"字，并注明大径和螺距，如图 7-15 所示。

（2）绘制非标准螺纹时，应画出螺纹的牙型，并标出螺纹的大径、小径、螺距和牙型尺寸，如图 7-16 所示。

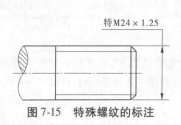

图 7-15　特殊螺纹的标注

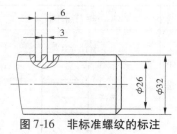

图 7-16　非标准螺纹的标注

7.1.5　螺纹紧固件

用螺纹起连接和紧固作用的零件称为螺纹紧固件。常用的螺纹紧固件有螺栓、螺柱、螺钉、螺母、垫圈等，如图 7-17 所示。其种类很多，在结构和尺寸方面都已标准化，并由专门工厂进行批量生产，在机械设计中不需要单独绘制它们的图样，可以根据设计的要求从相应的国家标准中查出所需的结构尺寸。

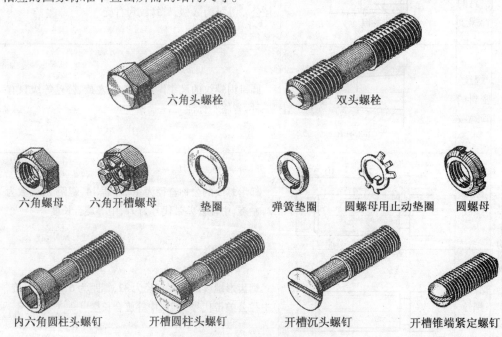

图 7-17　常用螺纹紧固件

7.1.5.1　常用螺纹紧固件的比例画法

螺纹紧固件各部分尺寸可以从相应国家标准中查出，但在绘图时为了提高效率，却大多不必查表而是采用比例画法。

所谓比例画法，就是当螺纹大径选定后除螺栓、螺柱、螺钉等紧固件的有效长度要根据被连接件的实际情况确定外,紧固件的其他各部分尺寸都取与紧固件的螺纹大径成一定比例的数值来作图的方法。

(1)六角螺母。六角螺母各部分尺寸及其表面交线的圆弧近似表示,都以螺纹大径 d 的比例关系画出。如图 7-18(a)所示。

(2)六角头螺栓。六角头螺栓头部除厚度为 $0.7d$ 外,其余尺寸的比例关系和画法与六角螺母相同,其他部分与螺纹大径 d 的比例关系如图 7-18(b)所示。

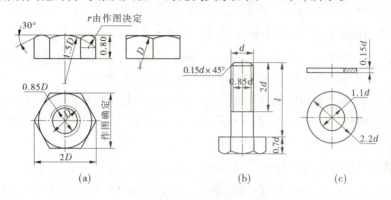

图 7-18 六角头螺栓的比例画法

(3)垫圈。垫圈通常垫在螺母和被连接件之间,目的是增加螺母与被连接零件之间的接触面,保护被连接件的表面不致因拧螺母而被刮伤。垫圈分为平垫圈和弹簧垫圈,弹簧垫圈还可以防止因振动而引起的螺母松动。垫圈各部分尺寸按与它相配的螺纹紧固件的大径 d 的比例关系画出,如图 7-18(c)所示。

(4)双头螺柱。双头螺柱两端均加工有螺纹,旋入螺孔的一端称为旋入端(b_m),另一端称为紧固端(b)。双头螺柱的结构形式有 A 型、B 型两种,如图 7-19 所示。A 型是车制,B 型是辗制。双头螺柱的规格尺寸是螺纹大径(d)和双头螺柱公称长度(l)。

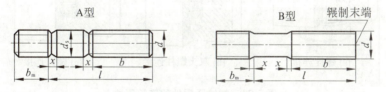

图 7-19 双头螺柱

7.1.5.2 螺纹紧固件的标记

(1)螺栓的标记形式:|名称| |标准代号| |特征代号| |公称直径| × |公称长度|

例:螺栓 GB/T 5782—2000 M12×80,是指公称直径 $d=12$、公称长度 $L=80$(不包括头部)的螺栓。

(2)双头螺柱的标记形式:|名称| |标准代号| |特征代号| |公称直径| × |公称长度|

例:螺柱 GB/T 898—1988 M10×50,是指公称直径 $d=10$、公称长度 $L=50$(不包括旋入端)的双头螺柱。

(3)螺母通常与螺栓或螺柱配合使用,起连接作用,以六角螺母应用最广。螺母的规格尺寸为螺纹公称直径 D,选定一种螺母后,其各部分尺寸可根据有关标准查得。

螺母的标记形式: 名称 标准代号 特征代号 公称直径

例:螺母 GB/T 6170—2000 M12,指螺纹规格 $D=M12$ 的螺母。

(4)选择垫圈的规格尺寸为螺栓直径 d,垫圈选定后,其各部分尺寸可根据有关标准查得。

平垫圈的标记形式: 名称 标准代号 规格尺寸 – 性能等级

弹簧垫圈的标记形式: 名称 标准代号 规格尺寸

例:垫圈 GB/T 97.1—1985 16 – 140HV,指规格尺寸 $d=16$、性能等级为 140HV 的平垫圈。垫圈 GB/T 93—1987 20,指规格尺寸为 $d=20$ 的弹簧垫圈。

(5)螺钉按使用性质可分为连接螺钉和紧定螺钉两种,连接螺钉的一端为螺纹,另一端为头部。紧定螺钉主要用于防止两相配零件之间发生相对运动的场合。螺钉规格尺寸为螺钉直径 d 及长度 L,可根据需要从标准中选用。

螺钉的标记形式: 名称 标准代号 特征代号 公称直径 × 公称长度

例:螺钉 GB/T 65—2000 M10×40,是指公称直径 $d=10$、公称长度 $L=40$(不包括头部)的螺钉。

7.1.6 螺纹紧固件的装配画法

常见的螺纹连接形式有螺栓连接、双头螺柱连接和螺钉连接等,如图 7-20 所示。在画螺纹紧固件的装配画法时,常采用比例画法或简化画法。

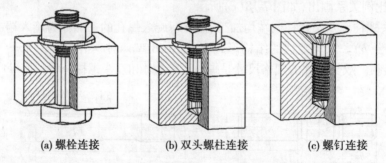

(a) 螺栓连接　　　　(b) 双头螺柱连接　　　　(c) 螺钉连接

图 7-20　螺纹紧固件的连接形式

在画螺纹紧固件的装配画法时,应遵守下面一些基本规定:

(1)两零件的接触表面画一条线,不接触表面画两条线。

(2)两零件邻接时,不同零件的剖面线方向应相反,或方向相同而间隔不等。

(3)对于紧固件和实心零件(如螺钉、螺栓、螺母、垫圈、螺柱、键、销、球及轴等),若剖切剖面通过它们的轴线,则这些零件按不剖绘制,仍画外形,需要时,可采用局部剖视。

7.1.6.1　螺栓连接

螺栓是用来连接不太厚并能钻成通孔的零件。图 7-21 为螺栓连接的示意图。如图 7-21(a)所示为螺栓连接装配图,先在两被连接件上钻出通孔,通孔直径一般取 1.1d(d 为螺栓公称直径),然后将螺栓穿过被连接件上的通孔,一般以螺栓的头部抵住被连接板的下端,再在螺栓上部套上垫圈,以增加支承面积和防止损伤零件的表面,最后用螺母拧紧。也可采用如图 7-21(b)所示的简化画法,在装配图中常用这种画法。

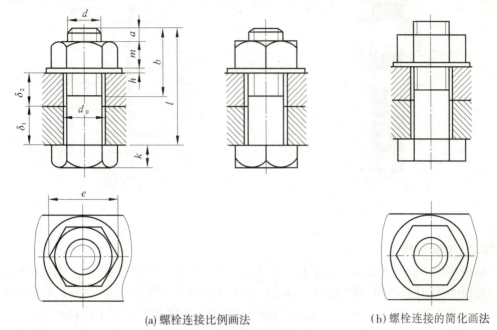

(a) 螺栓连接比例画法　　　　　　　　(b) 螺栓连接的简化画法

图 7-21　螺栓连接的画法

确定螺栓长度 l 时,可按以下方法计算,如图 7-21 所示。

$$l = \delta_1 + \delta_2 + h + m + a$$

式中　δ_1、δ_2——被连接件的厚度;

　　　h——垫圈厚度,一般可按 $0.15d$ 取值;

　　　m——螺母厚度,一般可按 $0.8d$ 取值;

　　　a——螺栓顶端露出螺母的高度,一般可按 $(0.2\sim0.3)d$ 取值。

根据上式算出的螺栓长度 l 值,查螺栓长度 l 的系列值,选择接近的标准数值。

7.1.6.2　螺柱连接

当被连接两零件之一较厚,或不允许钻成通孔而不能采用螺栓连接,或因拆装频繁,又不宜采用螺钉连接时,可采用螺柱连接(双头螺柱),如图 7-22 所示。连接前,先在较厚的零件上加工出螺孔,在另一较薄的零件上加工出通孔,然后将双头螺柱的一端(b_m 旋入端)旋紧在螺孔内,再将双头螺柱的另一端(紧固端 b)安装带通孔的被连接零件,加上垫圈,拧紧螺母,即完成了螺柱连接。用比例画法绘制双头螺柱的装配图时应注意以下几点:

(1)旋入端的螺纹终止线应与接合面平齐,表示旋入端已经拧紧。

(2)旋入端的长度 b_m 要根据被旋入件的材料而定,被旋入端的材料为钢时,$b_m = 1d$;被旋入端的材料为铸铁或铜时,$b_m = (1.25\sim1.5)d$;被连接件为铝合金等轻金属时,取 $b_m = 2d$。

(3)旋入端的螺孔深度取 $b_m + 0.5d$,钻孔深度取 $b_m + d$,如图 7-22 所示。

(4)螺柱的公称长度 $L \geq \delta +$ 垫圈厚度 $+$ 螺母厚度 $+ (0.2\sim0.3)d$,然后选取与估算值相近的标准长度值作为 L 值。

双头螺柱连接的比例画法如图 7-22(b)所示。

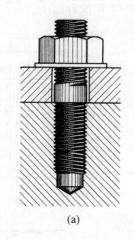
(a)

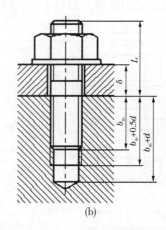
(b)

图 7-22　双头螺柱连接图

7.1.6.3　螺钉连接

螺钉连接一般用于受力不大又不需要经常拆卸的场合,如图 7-23 所示。用比例画法绘制螺钉连接,其旋入端与螺柱相同,被连接板的孔部画法与螺栓相同,被连接板的孔径取 $1.1d$。螺钉的有效长度 $L=\delta+b_m$,并根据标准校正。画图时注意以下两点:

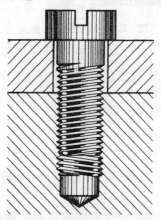

图 7-23　螺钉连接

(1)螺钉的螺纹终止线不能与接合面平齐,而应画在盖板的范围内。
(2)具有沟槽的螺钉头部,在主视图中应被放正,在俯视图中规定画成 45°倾斜。
螺钉连接的比例画法如图 7-24 所示。
紧定螺钉:如图 7-25 所示为紧定螺钉连接轴和齿轮的画法,用一个开槽锥端紧定螺钉旋入轮毂的螺孔,使螺钉端部的 90°锥顶角与轴上的 90°锥坑压紧,从而固定了轴和齿轮的轴向位置。

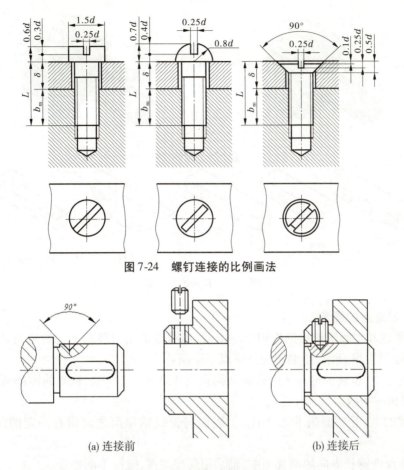

图 7-24 螺钉连接的比例画法

(a) 连接前   (b) 连接后

图 7-25 紧定螺钉连接的画法

7.2 键连接和销连接

7.2.1 键连接

7.2.1.1 键的作用与种类

键是在机械上用来连接轴与轴上的传动件(齿轮、皮带轮等)的一种连接件,起到传递扭矩的作用。它的一部分被安装在轴的键槽内,另一凸出部分则嵌入轮毂槽内,使两个零件一起转动,如图 7-26 所示。

键是标准件,它的种类很多,常用的有普通平键、半圆键、钩头楔键等,如图 7-27 所示。其中普通平键应用最广,按形状的不同可分为 A 型(圆头)、B 型(方头)和 C 型(单圆头)三种。

7.2.1.2 键的规定标记

键是标准件,其结构形式和尺寸都有相应的规定。常用键的形式和标记见表 7-3。键槽的图示方法和尺寸标注方法如图 7-28 所示。

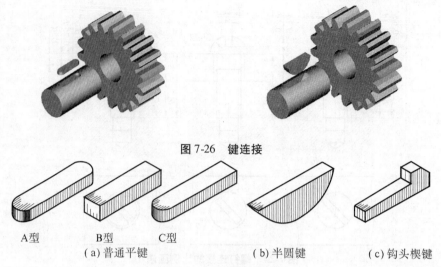

图 7-26 键连接

A型	B型	C型		
(a) 普通平键			(b) 半圆键	(c) 钩头楔键

图 7-27 常用的几种键

7.2.1.3 键连接的画法

普通平键和半圆键连接的作用原理相似,半圆键常用于载荷不大的传动轴上。键连接的画法如图 7-29 所示,绘制时应注意以下事项:

(1)连接时,普通平键和半圆键的两侧面是工作面,它与轴、轮毂的键槽两侧面相接触,分别只画一条线。

(2)键的上、下底面为非工作面,上底面与轮毂槽顶面之间留有一定的间隙,画两条线。

(3)在反映键长方向的剖视图中,轴采用局部剖视,键按不剖处理。

表 7-3 常用键的形式和标记

名称及标准	图例	标记示例
普通平键 GB/T 1096—2003	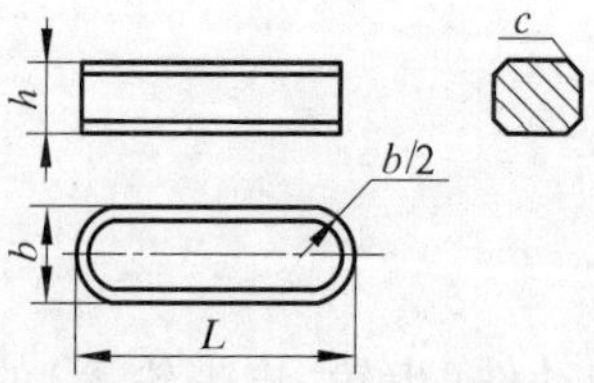	$b=16$ mm、$h=10$ mm、$L=100$ mm 的圆头普通平键; GB/T 1096 键 $16 \times 10 \times 100$ (B 型、C 型普通平键在尺寸规格剖面加注 B 或 C)
半圆键 GB/T 1099.1—2003	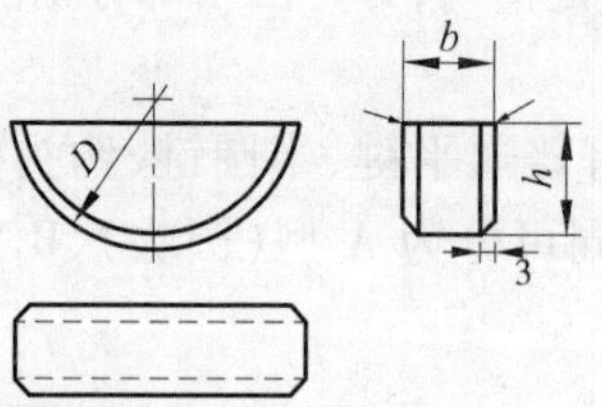	$b=6$ mm、$h=10$ mm、$D=25$ mm 的半圆键; GB/T 1099.1 键 $6 \times 10 \times 25$

续表 7-3

名称及标准	图例	标记示例
钩头楔键 GB/T 1565—2003		$b = 18$ mm、$h = 11$ mm、$L = 100$ mm 的钩头楔键；GB/T 1565 键 18×100

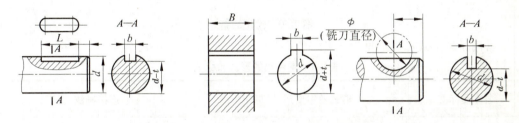

图 7-28 键槽的图示方法和尺寸标注方法

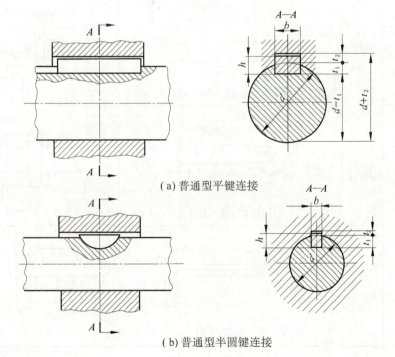

(a) 普通型平键连接

(b) 普通型半圆键连接

图 7-29 键连接

7.2.2 销连接

7.2.2.1 销及其标记

销是标准件,常用的销有圆柱销、圆锥销和开口销。圆柱销和圆锥销用于零件之间的连接或定位,开口销用于防止连接螺母松动或固定其他零件,如图 7-30 所示。其中开口销常与槽型螺母配合使用,起防松作用。

(a) 圆锥销　　　(b) 圆柱销　　　(c) 开口销

图 7-30　常用的销

常用销的形式和标记见表 7-4。

表 7-4　常用销的形式和标记

名称及标准	形式及主要尺寸、标记	连接画法
圆柱销 GB/T 119.2—2000	15°, $R \approx d$, c, L, d 标记　A 型圆柱销:销 GB/T 119.2　$d \times L$	
圆锥销 GB/T 117—2000	1:50, R_1, R_2, a, L, d 标记　A 型圆锥销:销 GB/T 117　$d \times L$	
开口销 GB/T 91—2000	b, L, a, c, d 标记　销:销 GB/T 91　$d \times L$	

7.2.2.2 销连接的画法

圆柱销、圆锥销连接的画法如图 7-31 所示。在装配图中,对于轴、销等实心零件,若按纵向剖切,且剖切平面通过轴、销的轴线,则这些零件按不剖处理。如需表明它的结构,可用局部剖视表示。若按垂直于轴、销的轴线剖切，被剖切的零件均应画出剖面线。

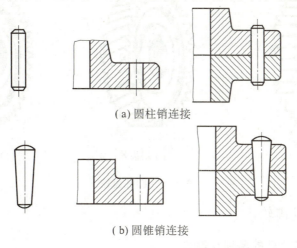

(a) 圆柱销连接

(b) 圆锥销连接

图 7-31　销连接的画法

7.3　齿　轮

齿轮是机器中重要的传动零件，用来传递运动和动力，改变转速和旋转方向。齿轮的种类繁多，按两啮合齿轮轴线在空间的相对位置不同，可分为以下三大类：

(1) 圆柱齿轮——用于两平行轴之间的传动，如图 7-32(a) 所示。
(2) 圆锥齿轮——用于两相交轴之间的传动，如图 7-32(b) 所示。
(3) 蜗轮蜗杆——用于两交叉轴之间的传动，如图 7-32(c) 所示。

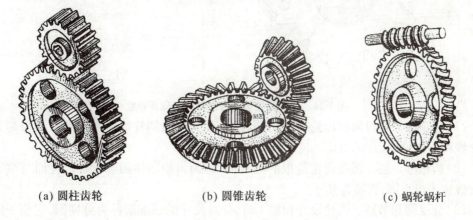

(a) 圆柱齿轮　　　　(b) 圆锥齿轮　　　　(c) 蜗轮蜗杆

图 7-32　齿轮传动

常见的齿轮轮齿有直齿、斜齿和人字齿三种，如图 7-33 所示。由于直齿圆柱齿轮应用较广，下面着重介绍直齿圆柱齿轮的基本参数和规定画法。

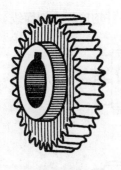
(a) 直齿轮

(b) 斜齿轮

(c) 人字齿轮

图 7-33　圆柱齿轮

7.3.1　直齿圆柱齿轮

7.3.1.1　直齿圆柱齿轮的名称及参数

直齿圆柱齿轮各部分的名称和参数如图 7-34 所示。

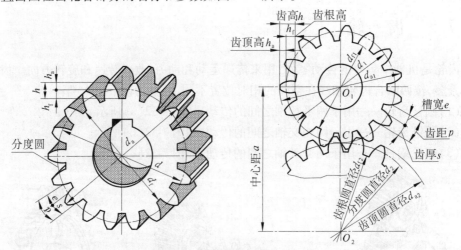

图 7-34　直齿圆柱齿轮各部分的名称及参数

(1) 齿顶圆。通过圆柱齿轮齿顶的圆柱面,称为齿顶圆柱面。齿顶圆柱面与端平面的交线称为齿顶圆,直径为 d_a。

(2) 齿根圆。通过圆柱齿轮齿根的圆柱面,称为齿根圆柱面。齿根圆柱面与端平面的交线称为齿根圆,直径为 d_f。

(3) 分度圆和节圆。齿轮设计和加工时,计算尺寸的基准圆称为分度圆,它位于齿顶圆和齿根圆之间,是一个约定的假想圆,直径为 d。两齿轮啮合时,位于连心线 O_1O_2 上两齿廓的接触点 C,称为节点。分别以 O_1、O_2 为圆心,O_1C、O_2C 为半径作两个相切的圆为节圆,直径为 d'。标准齿轮中,分度圆和节圆是一个圆,即 $d = d'$。

(4) 齿高、齿顶高、齿根高。齿顶圆与齿根圆之间的径向距离,称为齿高,用 h 表示;齿顶圆与分度圆之间的径向距离,称为齿顶高,用 h_a 表示;齿根圆与分度圆之间的径向距离,称为齿根高,用 h_f 表示。

(5) 齿距、齿厚、槽宽。在分度圆上,相邻两齿对应两点间的弧长称为齿距,用 p 表示;轮齿的弧长称为齿厚,用 s 表示;轮齿之间的弧长称为槽宽,用 e 表示。$p = s + e$,对于标准齿轮 $s = e$。

(6) 模数。以 z 表示齿轮的齿数,则分度圆周长为 $\pi d = pz$,因此分度圆直径为 $d = pz/\pi$。齿距 p 与 π 的比值称为齿轮的模数,用 m 表示,单位为 mm,即 $m = p/\pi$,由此可得 $d = mz$。

由上可知,m 与 p 成正比,而 p 决定了轮齿的大小,所以 m 的大小反映了轮齿的大小,模数大,轮齿就大;模数小,轮齿就小。

为了便于设计和制造,国家标准对齿轮的模数作了统一规定,见表7-5。

表7-5　标准模数系列 (GB/T 1357—2008)　　　　　(单位:mm)

第一系列	1	1.25	1.5	2	2.5	3	4	5	6	8	10	12	16	20	25	32	40	50
第二系列	1.125	1.375	1.75	2.25	2.75	3.5	4.5	5.5	(6.5)	7	9	11	14	18	22	28	36	45

注:1. 优先选用第一系列,其次选用第二系列,括号内的模数尽可能不选用。
　　2. 本表未摘录小于1的模数。

(7) 压力角。啮合两齿轮的轮齿齿廓在节点的公法线与两节圆的公切线所夹的锐角称为压力角,也称啮合角,用 α 表示。标准齿轮的压力角为 20°。

(8) 中心距。两啮合齿轮轴线间的距离称为中心距,用 a 表示。装配准确的标准齿轮的中心距 $a = (d_1 + d_2)/2 = m(z_1 + z_2)/2$。

7.3.1.2　直齿圆柱齿轮的尺寸计算

在设计齿轮时,先要确定齿数和模数,标准直齿圆柱齿轮各部分的尺寸都是根据齿数和模数来确定的,见表7-6。

表7-6　标准直齿圆柱齿轮各部分尺寸的计算公式

名称	符号	直齿圆柱齿轮
模数	m	由强度计算或结构设计确定并按表7-5选取
压力角	α	$\alpha = 20°$
分度圆直径	d	$d = mz$
齿顶高	h_a	$h_a = h_a^* m$,一般取 $h_a^* = 1$
齿根高	h_f	$h_f = (h_a^* + c^*)m$,一般取 $h_a^* = 1$、$c^* = 0.25$
齿高	h	$h = h_a + h_f = 2.25m$
齿顶圆直径	d_a	$d_a = d + 2h_a = (z + 2)m$
齿根圆直径	d_f	$d_f = d - 2h_f = (z - 2.5)m$
中心距	a	$a = \dfrac{d_1 + d_2}{2} = \dfrac{(z_1 + z_2)m}{2}$
传动比	i	$i = \dfrac{\omega_1}{\omega_2} = \dfrac{n_1}{n_2} = \dfrac{z_2}{z_1}$

7.3.1.3 直齿圆柱齿轮的画法

(1) 单个直齿圆柱齿轮的画法。

①在表示外形的两个视图中,齿顶圆和齿顶线用粗实线绘制,分度圆和分度线用细点画线绘制,齿根圆和齿根线用细实线绘制,也可省略不画,如图7-35(a)所示。

②齿轮的非圆视图一般采用半剖或全剖视图。这时轮齿按不剖处理,齿根线用粗实线绘制,且不能省略,如图7-35(b)所示。

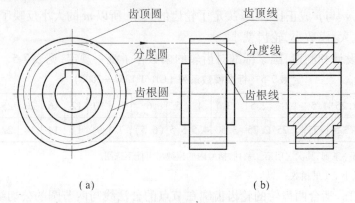

图 7-35 单个直齿圆柱齿轮的画法

(2) 直齿圆柱齿轮啮合的画法。两齿轮啮合时,除啮合区外,其余部分均按单个齿轮绘制,啮合区按如下规定绘制:

①两个相互啮合的圆柱齿轮,在投影为圆的视图中,两节圆相切,用细点画线绘制;齿顶圆均用粗实线绘制,如图7-36(b)所示,啮合区内也可省略,如图7-36(c)所示;齿根圆用细实线绘制,也可省略。

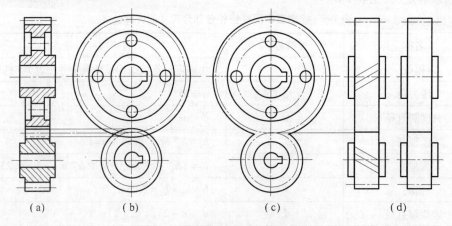

图 7-36 直齿圆柱齿轮啮合的画法

②在投影为非圆的视图中,啮合区内的齿顶线不需画出,节圆用粗实线绘制,如图7-36(d)所示。若采用剖视且剖切平面通过两齿轮的轴线,在啮合区两齿轮的节线重合为一条线,用细点画线绘制;一个齿轮的齿顶线用粗实线绘制,另一个齿轮的齿顶线用细虚线绘制,如图7-36(a)所示。需注意的是,在啮合区中,一个齿轮的齿顶线与另一齿

轮的齿根线之间应有 $0.25m$（m 表示齿轮的模数）的间隙，如图 7-37 所示。

7.3.2 斜齿圆柱齿轮

斜齿圆柱齿轮也称斜齿轮，斜齿轮的轮齿在一条螺旋线上，螺旋线和轴线的夹角称为螺旋角，用 β 表示。斜齿轮的画法和直齿轮相同，当需要表示螺旋角时，在非圆视图的外形部分用三条与齿线方向一致的细实线表示齿向即可，如图 7-38 所示。

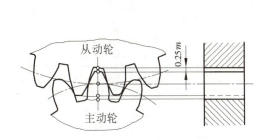

图 7-37 齿轮啮合区的间隙

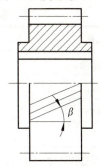

图 7-38 斜齿圆柱齿轮的画法

7.3.3 直齿圆锥齿轮

圆锥齿轮用于传递两相交轴间的回转运动，其轮齿有直齿、斜齿、螺旋齿和人字齿等。由于直齿圆锥齿轮应用较广，下面着重介绍直齿圆锥齿轮的基本参数和规定画法。

7.3.3.1 直齿圆锥齿轮各部分的名称

直齿圆锥齿轮俗称伞齿轮，其轮齿是在圆锥面上加工的，一端大一端小，所以其模数也是由大端到小端逐渐减小的。为了计算和制造方便，规定大端模数为标准模数，以它作为计算锥齿轮的其他各基本尺寸。直齿圆锥齿轮各部分名称和代号如图 7-39 所示。

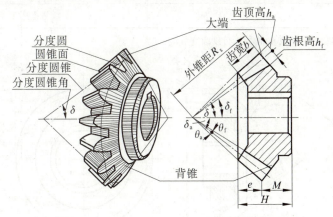

图 7-39 直齿圆锥齿轮各部分名称和代号

标准直齿圆锥齿轮各部分基本尺寸计算公式见表 7-7。

7.3.3.2 直齿圆锥齿轮的画法

（1）单个直齿圆锥齿轮的画法。①在投影为非圆的视图中，常采用剖视，轮齿按不剖处理,齿顶线和齿根线用粗实线绘制,分度线用细点画线绘制。②在投影为圆的视图中,大端分度圆用细点画线绘制,大、小两端齿顶圆用粗实线绘制,大、小端齿根圆及小端分度圆不必画出,如图 7-40 所示。

(2)直齿圆锥齿轮啮合的画法。一对正确安装的标准直齿圆锥齿轮啮合时,它们的分度圆锥应相切(分度圆锥与节圆锥重合,分度圆与节圆重合)。直齿圆锥齿轮啮合的规定画法如图 7-41 所示。齿轮轮齿部分和啮合区的画法与直齿圆柱齿轮的啮合画法相同。

表 7-7　标准直齿圆锥齿轮各部分基本尺寸计算公式

名称	符号	计算公式
齿顶高	h_a	$h_a = m$
齿根高	h_f	$h_f = 1.2m$
齿高	h	$h = 2.2m$
分度圆直径	d	$d = mz$
齿顶圆直径	d_a	$d_a = m(z + 2\cos\delta)$
齿根圆直径	d_f	$d_f = m(z - 2.4\cos\delta)$
锥距	R	$R = mz/(2\sin\delta)$
齿顶圆	θ_a	$\tan\theta_a = 2\sin\delta/z$
齿根圆	θ_f	$\tan\theta_f = 2.4(\sin\delta)/z$
分度圆锥角	δ	当 $\delta_1 + \delta_2 = 90°$ 时,$\tan\delta_1 = z_1/z_2$
顶锥角	δ_a	$\delta_a = \delta + \theta_a$
根锥角	δ_f	$\delta_f = \delta - \theta_f$
背锥角	δ_v	$\delta_v = 90° - \delta$
齿宽	b	$b \leq R/3$

注:表中所用的基本参数有模数 m、齿数 z、分度圆锥角 δ。

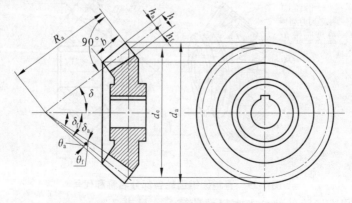

图 7-40　单个直齿圆锥齿轮的画法

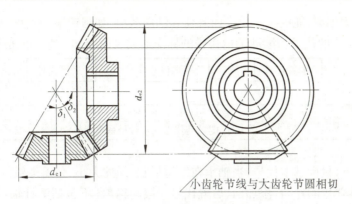

图 7-41　直齿圆锥齿轮啮合的画法

7.4　滚动轴承

7.4.1　滚动轴承的作用与构造

滚动轴承是一种支承旋转轴的组件,具有结构紧凑、摩擦阻力小、动能损耗少和旋转精度高等优点,被广泛应用于机器、仪表等多种产品中。

滚动轴承一般由外圈、内圈、滚动体和保持架四部分组成,如图 7-42 所示。外圈固定在机体或轴承座内,一般不转动;内圈套在轴上,通常与轴一起转动;滚动体位于内、外圈的滚道之间,其形状有球形、圆柱形和圆锥形等多种。保持架用来保持滚动体在滚道之间彼此有一定的距离,防止相互间摩擦和碰撞。

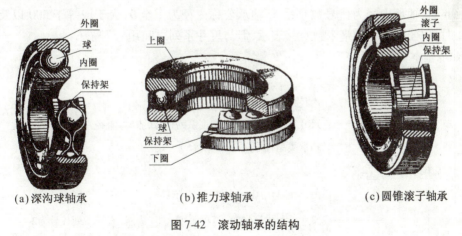

(a) 深沟球轴承　　(b) 推力球轴承　　(c) 圆锥滚子轴承

图 7-42　滚动轴承的结构

7.4.2　滚动轴承的种类和代号

(1) 滚动轴承的种类很多,按照所承受的外载荷不同,可分为以下三大类:

① 向心轴承,主要承受径向载荷,如深沟球轴承,见图 7-42(a)。

② 推力轴承,仅能承受轴向载荷,如推力球轴承,见图 7-42(b)。

③向心推力轴承,能同时承受径向载荷和轴向载荷,如圆锥滚子轴承,见图7-42(c)。

(2)滚动轴承的代号。滚动轴承代号的标注形式及内容如下面的框格所示。

一般情况下,只标基本代号;当轴承在结构形状、尺寸大小、公差等级等与标准有所不同时,才在基本代号的左、右添加前、后置代号。滚动轴承(不包括滚针轴承)的基本代号由轴承类型代号、尺寸系列代号、内径系列代号组成。

①轴承类型代号,用数字或字母表示,见表7-8。

表7-8 轴承类型代号

代号	0	1	2	3	4	5	6	7	8	N	U	QJ
轴承类型	双列角接触球轴承	调心球轴承	推力调心滚子轴承	圆锥滚子轴承	双列深沟球轴承	推力球轴承	深沟球轴承	角接触球轴承	推力圆柱滚子轴承	圆柱滚子轴承	外球面球轴承	四点接触球轴承

②尺寸系列代号,由轴承的宽(高)度系列代号和直径系列代号组合而成,用两位阿拉伯数字表示,它的主要作用是区别内径相同而宽度和外径不同的轴承。

③内径系列代号,表示轴承的公称内径,一般用两位阿拉伯数字表示:

代号数字为00、01、02、03时,分别表示轴承内径d = 10、12、15、17(mm);代号数字为04至96时,轴承内径为代号数字乘5;轴承公称内径为1至9、大于或等于500以及22、28、32时,用公称内径的毫米数直接表示,但与尺寸系列之间用"/"隔开。

轴承基本代号举例:

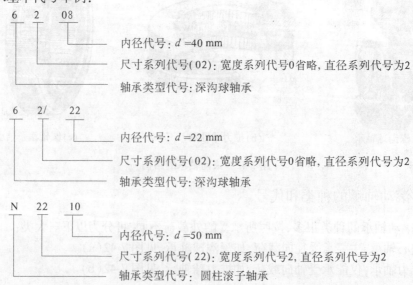

7.4.3 滚动轴承的画法

滚动轴承是标准件,由专门工厂生产,使用单位一般不需要画出其零件图。在装配图中,可根据国标规定采用通用画法、特征画法及规定画法,其具体画法如下所述:

(1)根据轴承代号在画图前查标准,确定外径 D、内径 d、宽度 B。

(2)用简化画法绘制滚动轴承时,滚动轴承剖视图外轮廓按实际尺寸绘制,而轮廓内可用通用画法或特征画法绘制。在同一图样中一般只采用其中一种画法。

(3)在装配图中,只需简单表达滚动轴承的主要结构时,可采用特征画法画出;需详细表达滚动轴承的主要结构时,可采用规定画法。当滚动轴承一侧采用规定画法时,另一侧用通用画法画出。

(4)在装配图中,表示滚动轴承的各种符号、矩形线框和轮廓线均用粗实线绘制,矩形线框或外形轮廓的大小应与它的外形尺寸一致。用规定画法绘制剖视图时,轴承的滚动体不画剖面线,其各套圈等可画成方向和间隔相同的剖面线,在不致引起误解时,也可省略不画,滚动轴承的保持架及倒角可省略不画。

表 7-9 中列举了三种常用滚动轴承的画法及有关尺寸比例。

表 7-9　常用滚动轴承的画法

名称、标准号和代号	结构示意图	主要尺寸	规定画法	特征画法
深沟球轴承 GB/T 276—1994 6000	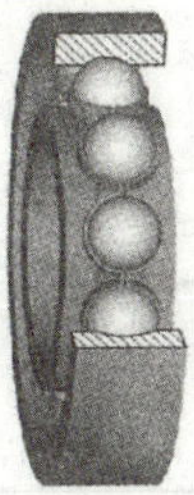	D、d、B	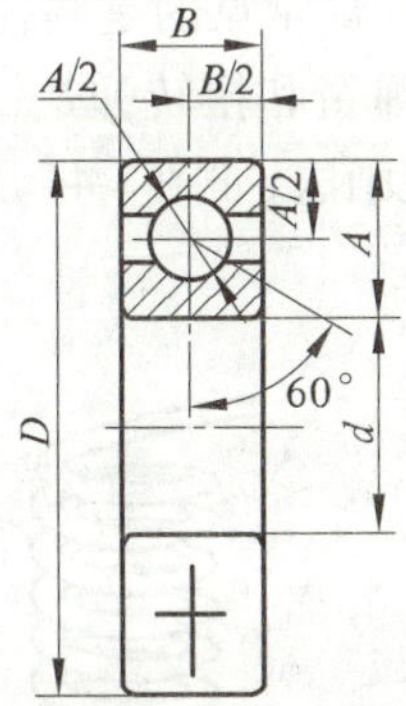	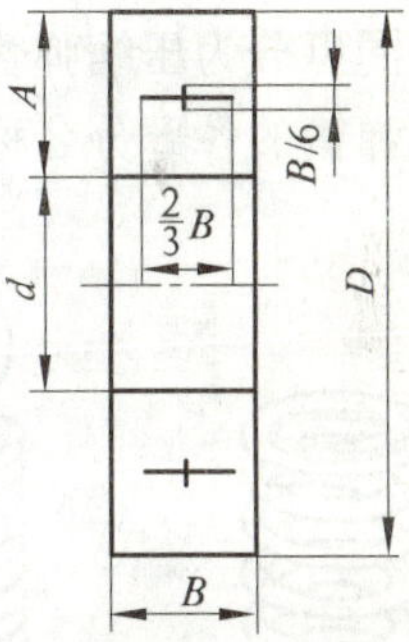
圆锥滚子轴承 GB/T 297—1994 30000		D、d、T、B、C	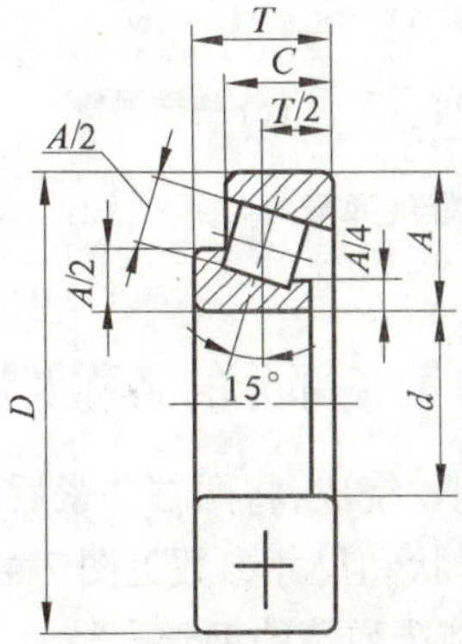	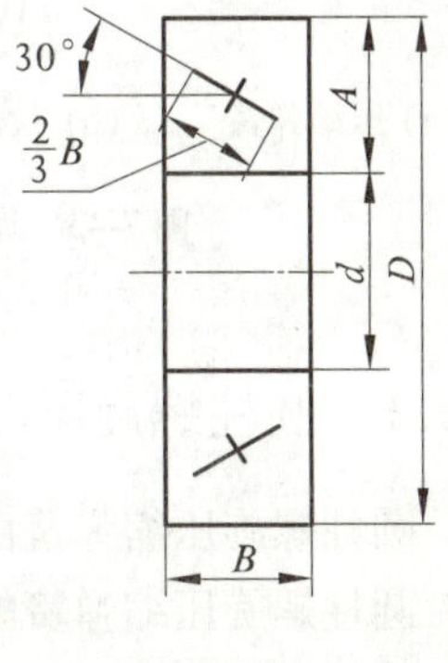

续表 7-9

名称、标准号和代号	结构示意图	主要尺寸	规定画法	特征画法
推力球轴承 GB/T 301—1995 51000		D、d、T		

7.5 弹 簧

弹簧具有功能转换特性,可用来减振、夹紧、储能、测力等,其特点是在撤去外力后能立即恢复原状。弹簧种类很多,最常见的是圆柱螺旋弹簧。圆柱螺旋弹簧根据受载性质的不同可分为压缩弹簧、拉伸弹簧和扭转弹簧,如图 7-43 所示。本节主要介绍圆柱螺旋压缩弹簧的各部分名称及规定画法,如图 7-44 所示。

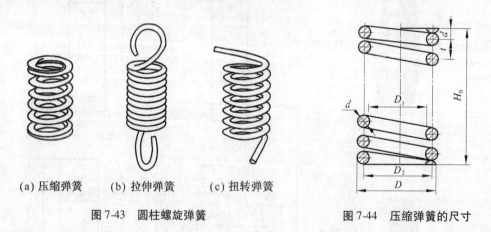

(a) 压缩弹簧　　(b) 拉伸弹簧　　(c) 扭转弹簧

图 7-43　圆柱螺旋弹簧　　　　图 7-44　压缩弹簧的尺寸

7.5.1　圆柱螺旋压缩弹簧各部分的名称及尺寸计算

圆柱螺旋压缩弹簧由钢丝绕成,将两端并紧后磨平,使其端面与轴线垂直,便于支承。圆柱螺旋压缩弹簧的形状和尺寸参数见图 7-44。

(1)弹簧丝直径 d,即制造弹簧的钢丝直径。

(2)弹簧直径:

弹簧外径 D,弹簧外圈直径;

弹簧内径 D_1,弹簧内圈直径, $D_1 = D - 2d$;

弹簧中径 D_2,弹簧的平均直径, $D_2 = (D + D_1)/2 = D_1 + d = D - d$。

(3) 节距 t,即相邻两有效圈对应两点间的轴向距离。

(4) 有效圈数 n、支承圈数 n_2 和总圈数 n_1。为了使压缩弹簧工作时受力均匀,保证轴线垂直于支承面,制造时需将弹簧每端压紧磨平 3/4~5/4,这部分只起支承作用,叫支承圈。支承圈的圈数(n_2)通常取 1.5、2、2.5。压缩弹簧除支承圈外,具有相等节距的圈数称为有效圈数 n,支承圈数和有效圈之和称总圈数 n_1,即 $n_1 = n + n_2$。

(5) 自由高度(长度)H_0,即弹簧无负荷时的高度(长度),$H_0 = nt + (n_2 - 0.5)d$。

(6) 展开长度 L,即制造时弹簧丝的长度,$L = \pi D_2 n_1$。

(7) 旋向,即弹簧丝的绕线方向,分左旋和右旋,常用右旋,若为左旋,必须加写"左"字。

7.5.2 圆柱螺旋压缩弹簧的画法

7.5.2.1 弹簧的画法

圆柱螺旋压缩弹簧可画成视图、剖视图或示意图,如图 7-45 所示。

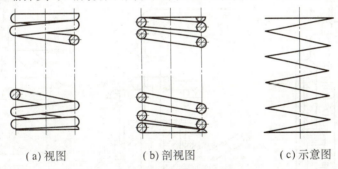

(a) 视图　　(b) 剖视图　　(c) 示意图

图 7-45　圆柱螺旋压缩弹簧的画法

画图时应注意以下事项:

(1) 圆柱螺旋压缩弹簧在平行于轴线的投影面上的视图中,各圈的轮廓形状应画成直线。

(2) 有效圈数在 4 圈以上的圆柱螺旋压缩弹簧,允许每端只画 1~2 圈(不包括支承圈),中间部分可省略不画。省略后,允许适当缩短图形的长度。

(3) 圆柱螺旋压缩弹簧如要求两端并紧且磨平,无论支承圈的圈数多少和末端贴紧情况如何,均按图 7-44 绘制,必要时也可按支承圈的实际情况绘制。

(4) 圆柱螺旋压缩弹簧不论左旋还是右旋均可画成右旋,对于需规定旋向圆柱螺旋压缩弹簧,不论画成左旋还是右旋,一律要注出旋向"LH"字或"RH"字。

圆柱螺旋压缩弹簧的画图步骤如图 7-46 所示。

7.5.2.2 装配图中弹簧的画法

(1) 在装配图中,被弹簧遮挡的结构可按不可见轮廓表示,可见部分应从弹簧的外轮廓线或从弹簧丝剖面的中心线画起,如图 7-47(a)所示。

(2) 在装配图中,螺旋弹簧被剖切时,若弹簧丝直径在图形上小于 2 mm,弹簧钢丝剖

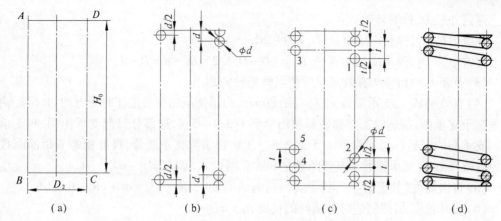

图 7-46　圆柱螺旋压缩弹簧的画图步骤

面可全部涂黑,如图 7-47(b)所示。若其弹簧直径小于 1 mm,可采用示意画法,如图 7-47(c)所示。

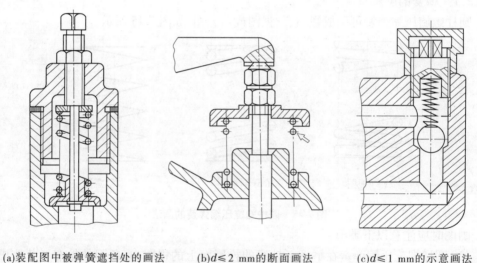

(a)装配图中被弹簧遮挡处的画法　　(b)$d ≤ 2$ mm的断面画法　　(c)$d ≤ 1$ mm的示意画法

图 7-47　装配图中弹簧的画法

本章小结

　　本章主要介绍了螺纹紧固件、键、销、齿轮、滚动轴承、弹簧等标准件和常用件的基本知识和规定画法,通过学习,应熟练掌握上述内容。

第 8 章 零件图

【本章导读】
　　本章主要介绍有关零件图的基本知识,包括零件图的作用、内容、表达方法、尺寸标注、尺寸公差、几何公差及零件表面结构要求等,同时将介绍解读和测绘零件图的基本方法。

【学习目标】
　　掌握零件图的视图选择原则、尺寸标注和技术要求。
　　具备解读零件图的基本能力,掌握零件测绘方法和画图步骤。
　　了解零件图的基本内容。

8.1　零件图的内容

　　任何机器(或部件)都是由零件装配而成的,如图 8-1 所示为铣刀头立体图,它是专用铣床上的一个部件,供装铣刀盘用。铣刀头由座体、转轴、带轮、端盖、滚动轴承、键、螺钉、毛毡圈等组成。工作原理是:来自电动机的动力通过 V 形带带动带轮,带轮通过键把运动传递给轴,轴将通过键传递给刀盘,从而进行铣削加工。

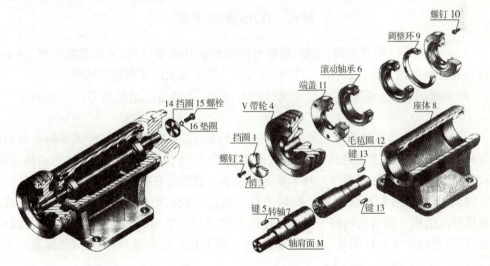

图 8-1　铣刀头立体图

　　表示零件的图样称为零件工作图(简称零件图)。它是设计部门提交给生产部门的重要技术文件,反映了设计者的意图,表达了机器(或部件)对该零件的要求,是制造和检验零件的依据。

零件图是生产中指导制造和检验该零件的主要图样,它不仅仅是把零件的内、外结构形状和大小表达清楚,还需要对零件的材料、加工、检验、测量提出必要的技术要求。零件图必须包含制造和检验零件的全部技术资料。从图8-2可以看出一张完整的零件图应具有如下内容：

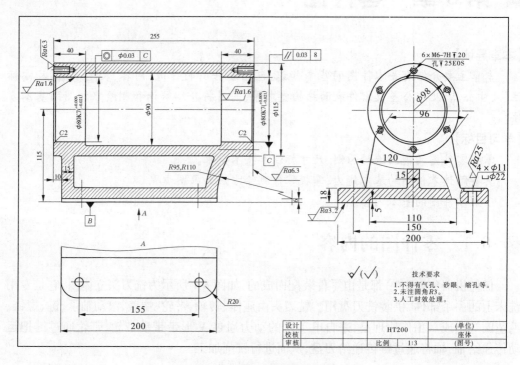

图 8-2 铣刀头座体零件图

(1)一组图形。用于正确、完整、清晰和简便地表达出零件内、外形状的图形,其中包括机件的各种表达方法,如视图、剖视图、断面图、局部放大图和简化画法等。

(2)完整的尺寸。零件图中应正确、完整、清晰、合理地注出制造零件所需的全部尺寸。

(3)技术要求。零件图中必须用规定的代号、数字、字母和文字注解说明制造和检验零件时在技术指标上应达到的要求,如表面粗糙度、尺寸公差、形位公差、材料和热处理、检验方法以及其他特殊要求等。技术要求的文字一般注写在标题栏上方图纸空白处。

(4)标题栏。标题栏应配置在图框的右下角。一般由更改区、签字区、其他区、名称以及代号区组成。填写的内容主要有零件的名称、材料、数量、比例、图样代号以及设计、审核、批准者的姓名和日期等。标题栏的尺寸和格式已经标准化,可参见有关标准。

8.2 零件的视图选择

零件的表达方案选择,应首先考虑看图方便。根据零件的结构特点,选用适当的表示方法。由于零件的结构形状是多种多样的,所以在画图前应对零件进行结构形状分析,结合零件的工作位置和加工位置,选择最能反映零件形状特征的视图作为主视图,并选好其他视图,以确定一组最佳的表达方案。

选择表达方案的原则是:在完整、清晰地表示零件形状的前提下,力求制图简便。

8.2.1 零件分析

零件分析是认识零件的过程,是确定零件表达方案的前提。零件的结构形状及其工作位置或加工位置不同,视图选择也往往不同。因此,在选择视图之前,应先对零件进行形体分析和结构分析,并了解零件的工作和加工情况,以便确切地表达零件的结构形状,反映零件的设计和工艺要求。

8.2.2 主视图的选择

主视图是表达零件结构形状最重要的视图,画图、看图都是先从主视图开始。零件图主视图的选择是否合理将直接影响其他视图的选择、配置以及是否方便看图,也决定了零件的表达方案是否合理。因此,在全面分析零件结构形状的基础上,首先要选定合理的主视图主视方向,选择好主视图。一般来说,零件主视图的选择应从以下两方面进行分析。

8.2.2.1 投影方向选择

形状特征原则就是将最能反映零件形状特征的方向作为主视图的投影方向,即主视图要较多地反映零件各部分的形状及它们之间的相对位置,以满足表达零件清晰的要求。如图 8-3 所示,B 向和 C 向投影反映的都不是零件的最主要的形状特征,只有 A 向能反映零件的最主要的形状特征。

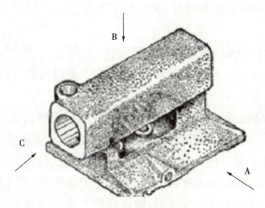

图 8-3 主视图投影方向选择

8.2.2.2 零件的放置位置

(1)加工位置原则。是指零件在机床上主要加工工序中的装夹位置。对于轴套类、盘盖类等零件,其机械加工主要在车床、磨床上完成,按加工位置画主视图有利于看图、加工和测量。因此,一般将其轴线水平放置来选择主视图,如图 8-4 所示轴的主视图就是按其加工位置画出来的。但是,一个零件的加工往往要经过许多道工序,而每道工序的加工位置也不尽相同,所以应考虑选择主要工序的加工位置。

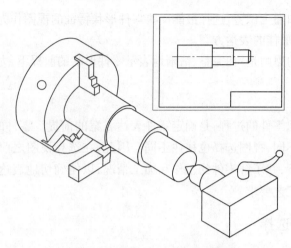

图 8-4　轴类零件的主要视图选择

(2) 工作位置原则。工作位置是零件在机器或部件中工作时的位置。零件主视图的选择,还应考虑与零件在机器中的工作位置一致,这样容易想象零件在机器和部件中的作用,便于根据装配关系来考虑零件的形状及有关尺寸。对于叉架类、箱体类零件,由于其结构形状比较复杂,加工工序较多,各工序装夹位置不同且难分主次,因此一般按工作位置选择主视图。如图 8-5 所示,吊钩主视图既显示了吊钩的形状特征,又反映了工作位置。

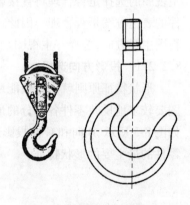

图 8-5　吊钩的工作位置

(3) 自然摆放稳定原则。如果零件为运动件,工作位置不固定,或零件的加工工序较多其加工位置多变,则可按其自然摆放平稳的位置为画主视图的位置。

主视图的选择,应根据具体情况进行分析,从有利于看图出发,在满足形体特征原则下,充分考虑零件的工作位置和加工位置。在运用时必须灵活掌握,在保证表达清楚结构形状特征前提下,先考虑加工位置原则;但有些零件形状比较复杂,在加工过程中装夹位置经常发生变化,加工位置难分主次,则主视图应考虑选择其工作位置。还有一些零件无明显的主要加工位置,或者工作位置倾斜,则可将其主要部分放正(水平或竖直),以利于布图和标注尺寸。

8.2.3　其他视图及表达方法的选择

一般来讲,仅用一个主视图不能完全反映零件的结构形状,必须选择其他视图,包括剖视、断面、局部放大图等各种表达方法。主视图确定后,对其表达未清楚的部分,再选择其他视图予以完善表达。具体选用时,应注意以下事项:

(1) 根据零件的复杂程度及内、外结构形状,全面地考虑还应需要其他视图,使每个所选视图应具有独立存在的意义及明确的表达重点,注意避免不必要的细节重复,在明确表达零件的前提下,使视图数量最少。

(2)优先考虑采用基本视图,当有内部结构时应尽量在基本视图上作剖视;对尚未表达清楚的局部结构和倾斜部分结构,可增加必要的局部(剖)视图和局部放大图;有关的视图应尽量保持直接投影关系,配置在相关视图附近。

(3)零件图上应尽量少画或不画虚线。

(4)按照视图表达零件形状要正确、完整、清晰、简便的要求,进一步综合、比较、调整、完善,选出最佳的表达方案。

8.3 零件上常见的工艺结构

零件的形状结构,除应满足设计要求外,还应满足制造工艺的要求,即应具有合理的工艺要求。下面仅介绍零件上常见的加工工艺结构。

8.3.1 机械加工工艺结构

8.3.1.1 圆角和倒角

为了避免在轴肩、孔肩等转折处由于应力集中而产生裂纹,常在这些转折处加工成圆角。为便于装配、保护零件表面不受损伤和去掉切削零件时产生的毛刺、防止锐边划伤手指,常在轴端、孔端、台肩和拐角处加工出倒角。如图 8-6 所示为倒角和圆角的标注形式(其中符号 C 表示 45°倒角)。

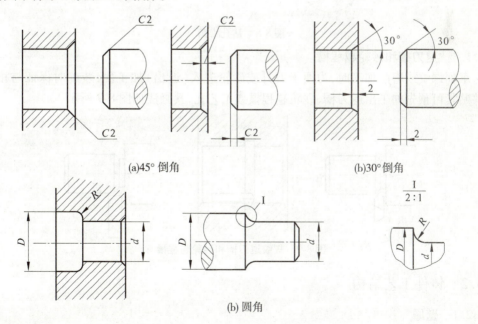

图 8-6 倒角、圆角的尺寸标注

8.3.1.2 钻孔结构

零件上的孔多数是用钻床加工而成的,用钻头钻孔时,钻头要垂直于被钻孔的零件表面,以保证钻孔精度,避免钻头折断。如果在曲面和斜面上钻孔,一般应在孔端制成凸台或凹坑,避免钻头因单边受力产生偏移或折断,如图8-7所示。

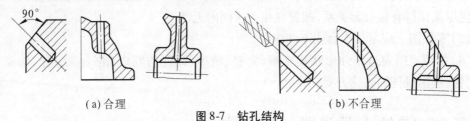

(a) 合理　　　　　　　　　　　　　(b) 不合理

图 8-7　钻孔结构

切削不通孔时,要画出由钻头切削时自然形成的120°锥角。当用两个直径不同的钻头钻台阶孔时,其画法如图8-8所示,此类锥角在图上不注尺寸。

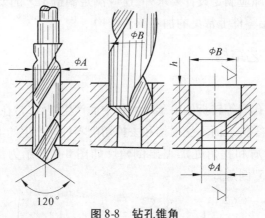

图 8-8　钻孔锥角

8.3.1.3 退刀槽和砂轮越程槽

车削螺纹或磨削加工时,为便于刀具或砂轮进入(退出)加工面,装配时保证与相邻零件贴紧可预先加工出退刀槽、砂轮越程槽或工艺孔,其画法如图8-9所示。

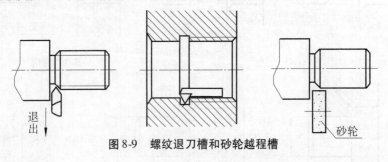

图 8-9　螺纹退刀槽和砂轮越程槽

8.3.2　铸件工艺结构

8.3.2.1　壁厚

铸件各处的壁厚应力求均匀,不宜相差过大。若壁厚相差较大,壁厚应由大向小缓慢过渡,以防止产生缩孔、裂纹等,如图8-10所示。

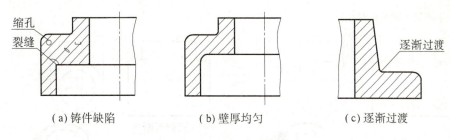

(a) 铸件缺陷　　　　(b) 壁厚均匀　　　　(c) 逐渐过渡

图 8-10　壁厚应力求均匀一致

8.3.2.2　铸造圆角

为便于脱模和避免砂型尖角在浇铸时落砂,同时为防止铸件在冷却过程中尖角产生缩孔和由于应力集中而产生裂纹,所以在铸件两表面的相交处应圆角过渡,这种圆角称为铸造圆角,如图 8-11 所示。圆角半径一般取壁厚的 0.2～0.3 倍,且同一铸件的圆角半径尽可能相同。若在视图中不标注铸造圆角半径,而应在技术要求中注写。

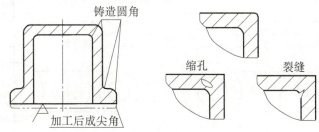

图 8-11　铸造圆角

8.3.2.3　拔模斜度

在铸造零件的生产过程中,造型时为了便于将木模从砂型中顺利取出,铸件的内外壁上沿起模方向应设计出一定的斜度,这个斜度称为拔模斜度,如图 8-12 所示。起模斜度一般较小,木模为 1°～3°,金属模为 0°～2°,在图样上可以不画也不注出,只在技术要求中说明。

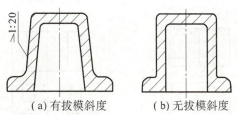

(a) 有拔模斜度　　　　(b) 无拔模斜度

图 8-12　拔模斜度

8.3.2.4　过渡线

铸造零件上两表面相交处,常常用铸造圆角进行过渡,从而使两相交表面的交线不够明显,把这种不明显的交线称为过渡线。

过渡线的形状与相贯线相同,只是有圆角处断开。国家标准规定,由相贯线演变的过渡线用细实线绘出,由截交线演变的过渡线用粗实线绘出。常见的过渡线及其画法如图 8-13 所示。

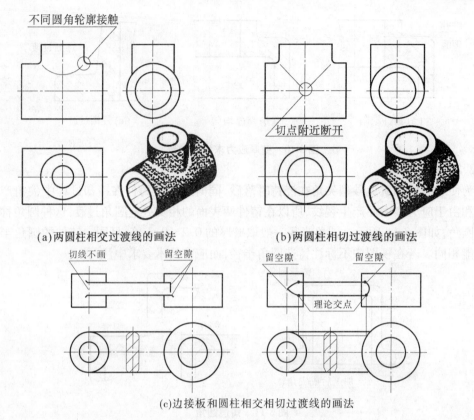

图 8-13 常见的过渡线及其画法

8.3.2.5 工艺凸台和凹坑

为了保证零件间接触良好,零件上凡与其他零件接触的表面一般都要进行加工。为了减少加工面、降低成本,常常在铸件上设计出凸台、凹坑等结构,也可以加工成沉孔,其画法如图 8-14 所示。

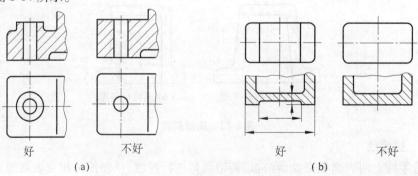

图 8-14 铸件上的凸台和凹坑

8.4 零件图的尺寸标注

零件图所注尺寸是零件加工制造的主要依据。零件图上尺寸的标注必须做到正确、完整、清晰、合理，对于前三项要求，在前面章节中已经叙述过，本节主要讨论合理地标注尺寸的方法及零件图尺寸标注的一些规定。

尺寸标注的合理性，是指零件图上所注尺寸既要保证设计要求，又要满足加工、测量、检验和装配等制造工艺要求。就是说要根据零件的设计和加工工艺要求，正确地选择尺寸基准，恰当地配置零件各个部位的结构尺寸。当然，只有具备了较多的零件设计和加工检验方面的知识，才能较好地满足合理标注尺寸的要求。

8.4.1 尺寸基准的选择

8.4.1.1 尺寸基准的分类

尺寸基准就是标注或量取尺寸的起点。零件的尺寸基准是指零件装配到机器上或加工测量时，用以确定其位置的一些点、线、面。若按用途来分，基准可分为两类，即设计基准和工艺基准。

（1）设计基准。根据零件的结构和设计要求而确定的基准称为设计基准。如图 8-15 所示的轴承挂架，在机器中的位置是用接触面 B、C 和对称面 D 来确定的，这三个面就分别是轴承架长、高和宽三个方向的设计基准。任何零件都有长、宽、高三个方向的尺寸，每个方向只能选择一个设计基准。常见的设计基准有零件上主要回转结构的轴线，零件结构的对称面；零件的主要加工面、重要端面、轴肩平面、重要支承面、装配面及两零件重要安装面等。

对于轴套类和轮盘类零件，实际设计中经常采用的是轴向基准和径向基准，而不用长、宽、高基准，如图 8-15 所示。

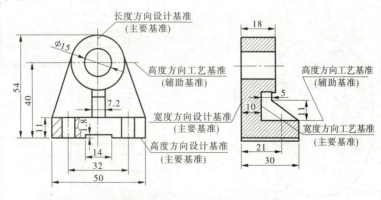

图 8-15 零件的尺寸基准

（2）工艺基准：在加工时，确定零件装夹位置和刀具位置的一些基准以及检测时所使用的基准,称为工艺基准。工艺基准有时可能与设计基准重合,该基准不与设计基准重合时又称为辅助基准。零件同一方向有多个尺寸基准时,主要基准只有一个,其余均为辅助基准,辅助基准必有一个尺寸与主要基准相联系,该尺寸称为联系尺寸。如图8-15中的40、11、30,图8-16中的30、90。

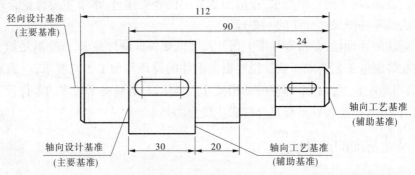

图 8-16 轴的工艺基准

8.4.1.2 选择尺寸基准的注意事项

(1)在选择基准时,为减少误差,保证零件的设计要求,最好使设计基准与工艺基准重合。如不能重合,零件的功能尺寸从设计基准开始标注,不重要的尺寸从工艺基准开始标注或按形体分析法标注。

(2)要保证轴线之间的距离时,应以轴线为基准注出轴线之间的距离。如图8-17所示,以零件底面为高度方向的主要尺寸基准注出尺寸 $87_{\ 0}^{+0.1}$ 后,又以上孔轴线为基准直接注出两孔中心距尺寸 $39_{\ 0}^{+0.03}$。

(3)要求对称的要素,应以对称面(或对称线)为基准注出对称尺寸,如图8-18所示的尺寸 $8_{\ 0}^{+0.1}$。

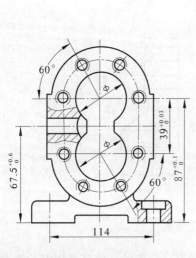

图 8-17 以轴线为基准

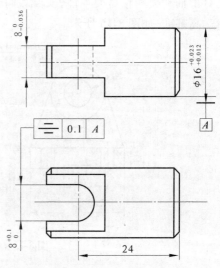

图 8-18 以对称面为基准

8.4.2 尺寸配置的形式

由于零件设计和加工工艺要求不同,尺寸基准的选择也不一样,从而使得零件图上尺寸标注有多种形式,常用的有链状式、坐标式、综合式等。

8.4.2.1 链状式

零件同一方向的几个尺寸依次首尾相连,称为链状式。链状式可保证各段尺寸的精度要求,但由于基准依次推移,使各段尺寸的位置误差受到影响,总尺寸的误差是各段误差之和,如图8-19(a)所示。

8.4.2.2 坐标式

零件同一方向的几个尺寸由同一基准出发,称为坐标式。其优点是坐标式能保证所注尺寸误差的精度要求,各段尺寸精度互不影响,不产生位置误差积累,但其中某轴段的误差较大,如图8-19(b)所示。

8.4.2.3 综合式

零件同方向尺寸标注既有链状式又有坐标式标注的,称为综合式,如图8-19(c)所示。它具有上述两种方式的优点,既能保证零件一些部位的尺寸精度,又能减少各部位的尺寸位置误差积累,最能适应零件的设计要求和工艺要求,在尺寸标注中应用最广泛。

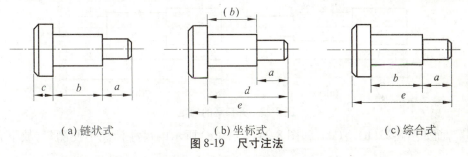

(a)链状式　　　　(b)坐标式　　　　(c)综合式

图8-19　尺寸注法

8.4.3 标注尺寸应注意的问题

(1)重要尺寸一定要从基准处直接注出。零件的重要尺寸,一般是指影响零件在整个机器中工作性能、精度以及互换性、决定零件装配位置的尺寸等。如图8-20(a)所示轴承孔的中心高应从设计基准(底面)为起点直接注出尺寸a,不能如图8-20(b)所示b和c的两尺寸之和来代替。

(2)不要注成封闭的尺寸链。封闭的尺寸链是指一个零件同一方向上的尺寸像车链一样,一环扣一环首尾相连,成为封闭形状的情况。如图8-21所示,各分段尺寸与总体尺寸间形成封闭的尺寸链,在机器生产中这是不允许的,因为各段尺寸加工不可能绝对准确,总有一定尺寸误差,而各段尺寸误差的和不可能正好等于总体尺寸的误差。因此,在标注尺寸时,应将次要的轴段尺寸空出不注(称为开口环),如图8-22(a)所示。这样,其他各段加工的误差都积累至这个不要求检验的尺寸上,而全长及主要轴段的尺寸则因此得到保证。如需标注开口环的尺寸,可将其注成参考尺寸,如图8-22(b)所示。

(3)标注尺寸要便于加工和测量。按零件的加工顺序标注尺寸,便于加工和测量,有利于保证加工精度。如图8-23(a)、(c)和图8-24(b)、(d)所示的尺寸标注在加工时便

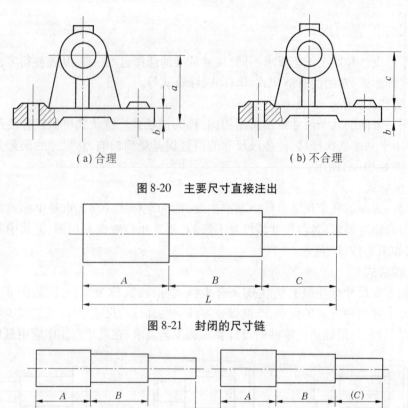

(a) 合理　　　　　　　　　　(b) 不合理

图 8-20　主要尺寸直接注出

图 8-21　封闭的尺寸链

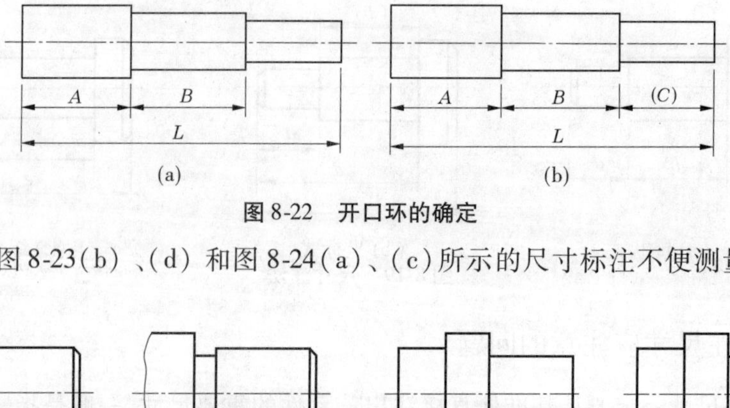

(a)　　　　　　　　　　(b)

图 8-22　开口环的确定

于测量；而如图 8-23(b)、(d) 和图 8-24(a)、(c)所示的尺寸标注不便测量，故不宜采用。

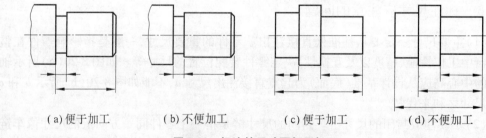

(a) 便于加工　　(b) 不便加工　　(c) 便于加工　　(d) 不便加工

图 8-23　标注的尺寸要便于加工

另外，按设计基准的要求，应标出如图 8-24(e)图例中的中心线到加工面的尺寸，但在实际操作时却不易测量。因此，就考虑加工测量的方便，应改用如图 8-24(f)所示的标注方式。

(4)毛面与加工面的尺寸标注。对于铸件、锻造零件，同一方向上的加工面和非加工面应各选择一个基准分别标注有关尺寸，并且两个基准之间只允许有一个联系尺寸。如图 8-25 所示。

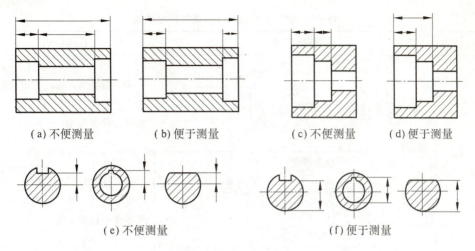

图 8-24　标注的尺寸要便于测量

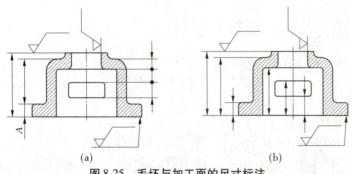

图 8-25　毛坯与加工面的尺寸标注

(5)标注尺寸应符合使用的工具。在对零件图进行尺寸标注时,还应考虑一些结构加工时使用的工具。如图 8-26 所示用圆盘铣刀铣制键槽,在主视图上应注出所用的铣刀直径,以便选定铣刀规格。

图 8-26　尺寸标注符合使用的工具

8.4.4　零件上常见结构要素的尺寸注法

零件上常见结构要素的尺寸注法见表 8-1。

表 8-1　零件上常见结构要素的尺寸注法

零件结构	标注示例	标注说明
光孔	4×φ4↧10 等三种标注形式	表示直径为 4 mm,有规律分布的 4 个光孔、孔深可以与孔连注,也可以分开注出
	2×锥销孔φ5 配作	φ5 表示与锥销孔相配的圆锥销小端直径。锥销孔通常是相邻两零件一起加工的
螺孔	3×M6-7H	表示直径为 6 mm,有规律分布的 3 个螺孔。可以旁注,也可直接注出
	3×M6-7H↧10 孔↧12	需要注出孔深时,应明确注出孔深尺寸
	3×M6-7H↧10	螺孔深度可与螺孔直径连注,也可分开注出
沉孔	6×φ7 ⌵φ13×90°	表示直径为 7 mm,有规律分布的 6 个孔。锥形沉孔的尺寸可以旁注,也可直接注出
	4×φ6 ⌴φ10↧5	表示直径为 6 mm,有规律分布的 4 个孔,柱形沉孔的直径为 10 mm,深度为 5 mm
	4×φ6 ⌴φ16 锪平	锪平面的深度不需要标注,一般锪平到不出现毛面为止

续表 8-1

零件结构		标注示例	标注说明
键槽	平键键槽		这样标注便于测量
	半圆键键槽		这样标注便于选择铣刀(铣刀直径为φ)及测量
锥轴、锥孔			当锥度要求不高时,这样标注便于制造
			当锥度要求准确并要求保证一端直径尺寸时,这样标注便于测量和加工
退刀槽			这样标注便于选择切槽刀。退刀槽宽度应直接注出。直径 D 可直接注出,也可注入切深度 a
倒角			45°倒角代号为 C,可与倒角的轴向尺寸连注;倒角不是45°时,要分开标注
滚花			滚花有直纹与网纹两种形式。滚花前的直径尺寸为 D;滚花后为 $D+\Delta$,Δ 为齿深。旁注中的0.8 mm 为齿距
平面			在没有表示出正方形实形的图形上,该正方形的尺寸可用 $a \times a$(a 为正方形边长)表示;否则要直接标注

续表 8-1

零件结构	标注示例	标注说明
中心孔	GB/T 4459.5—A4/8.5 A型 GB/T 4459.5—A2.5/8 B型 GB/T 4459.5—CM10L30/16.3 C型	轴端须表明有无中心孔的要求,中心孔是标准结构,在图样上用符号表示。 上图为在完工零件上要求保留中心孔的标注示例;中图为在完工零件上不可以保留中心孔的标注示例;下图为在完工零件上是否保留中心孔都可以的标注示例。 中心孔分 A 型、B 型、R 型、C 型四种。B 型、C 型有保护锥面,C 型带有螺孔可将零件固定在轴端

8.5 零件图上的技术要求

零件图中的技术要求主要是指对零件几何精度方面的要求和物理化学性能方面的要求。几何精度方面的要求主要是对表面粗糙度、极限与配合、形状和位置公差等方面的要求,物理化学性能方面的要求主要是对材料热处理和表面处理等方面的要求。技术要求一般应尽量用技术标准规定的代(符)号标注在零件图中,没有规定的可用简明的文字逐项注写在标题栏附近的适当位置。

8.5.1 表面粗糙度

8.5.1.1 表面粗糙度的概念

零件在加工过程中,受刀具的形状和刀具与工件之间的摩擦、机床的震动及零件金属表面的塑性变形等因素影响,表面不可能绝对光滑,如图 8-27 所示。零件表面上这种具有较小间距的峰谷所组成的微观几何形状特征称为表面粗糙度。一般来说,不同的表面粗糙度是由不同的加工方法形成的。表面粗糙度是评定零件表面质量的一项重要的指标,降低零件表面粗糙度可以提高其表面耐腐蚀、耐磨性和抗疲劳等能

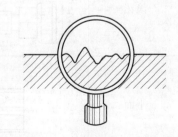

图 8-27 表面粗糙度示意图

力,但其加工成本也相应提高。因此,零件表面粗糙度的选择原则是:在满足零件表面功能的前提下,表面粗糙度允许值尽可能大一些。

8.5.1.2 表面粗糙度的评定参数

表面粗糙度是以参数值的大小来评定的,目前在生产中评定零件表面质量的主要参数是轮廓算术平均偏差。它是在取样长度 l 内,轮廓偏距 y 绝对值的算术平均值,用 Ra 表示,如图 8-28 所示。用公式可表示为

$$Ra = \frac{1}{l}\int_0^l |y(x)| \mathrm{d}x \quad 或 \quad Ra \approx \frac{1}{n}\sum_{i=1}^n |y_i|$$

国家标准对 $Ra(\mu m)$ 的数值作了规定。

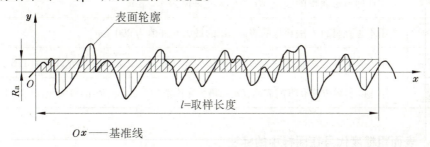

图 8-28 轮廓算术平均偏差 Ra

8.5.1.3 表面粗糙度代号

GB/T 131—1993 规定,表面粗糙度代号由规定的符号和有关参数组成,表面粗糙度符号的画法和意义见表 8-2、表 8-3。

表 8-2 表面粗糙度符号的意义及说明

符号	意义
∨	基础符号,表示表面可用任何方法获得,当不加注粗糙度参数值或有关说明时,仅适用于简化代号标注
∨	表示表面是用去除材料的方法获得的
∨	表示表面是用不去除材料的方法获得的
∨ ∨ ∨	在上述三个符号的长边上均可加一横线,用于标注有关参数和说明
∨ ∨ ∨	在上述三个符号上均可加一小圆,表示所有表面具有相同的表面粗糙度要求

表8-3 表面特征代号示例及说明

示例	说明
$\sqrt{3.2}$	用任何方法获得的表面，Ra 的最大允许值为 3.2 μm
$\sqrt{3.2}$ (带横线)	用去除材料方法获得的表面，Ra 的最大允许值为 3.2 μm
$\sqrt{3.2}$ (带圆)	用不去除材料方法获得的表面，Ra 的最大允许值为 3.2 μm
$\sqrt{\begin{array}{c}3.2\\1.6\end{array}}$	用去除材料方法获得的表面，Ra 的最大允许值为 3.2 μm，最小允许值为 1.6 μm
$\sqrt{Ry3.2}$	用任何方法获得的表面，Ry 的最大允许值为 3.2 μm
$\sqrt{Rz200}$ (带圆)	用不去除材料方法获得的表面，Rz 的最大允许值为 200 μm
$\sqrt{\begin{array}{c}Rz3.2\\Rz1.6\end{array}}$	用去除材料方法获得的表面，Rz 的最大允许值为 3.2 μm，最小允许值为 1.6 μm
$\sqrt{\begin{array}{c}3.2\\Ry12.5\end{array}}$	用去除材料方法获得的表面，Ra 的最大允许值为 3.2 μm，Ry 的最大允许值为 12.5 μm

8.5.1.4 表面粗糙度代号在图样中的标注

在同一图样上，同一表面一般只标注一次表面粗糙度代号，并尽可能标注在反映该表面位置特征的视图上，表面粗糙度代号应注在可见轮廓线、尺寸界线或它们的延长线上，符号的尖端必须从材料外指向表面。当零件的大部分表面具有相同的表面粗糙度时，可将最多的一种表面粗糙度代号统一标注在右上角，并加注"其余"两字。国家标准规定代号中数字的方向和尺寸数字的方向一致。表面粗糙度代号的画法及其有关的规定见表8-4，表面粗糙度在图样中的标注方法见表8-5。

表8-4 表面粗糙度代号及其有关规定

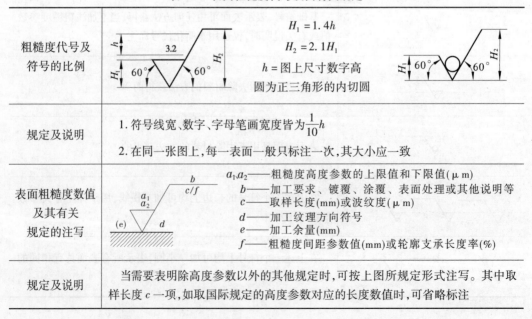

表 8-5　表面粗糙度在图样中的标注方法

图例	说明
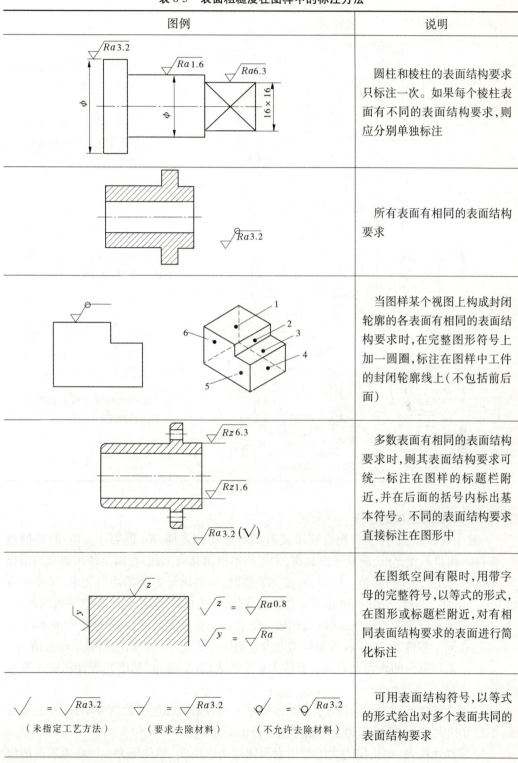	圆柱和棱柱的表面结构要求只标注一次。如果每个棱柱表面有不同的表面结构要求，则应分别单独标注
	所有表面有相同的表面结构要求
	当图样某个视图上构成封闭轮廓的各表面有相同的表面结构要求时，在完整图形符号上加一圆圈，标注在图样中工件的封闭轮廓线上（不包括前后面）
	多数表面有相同的表面结构要求时，则其表面结构要求可统一标注在图样的标题栏附近，并在后面的括号内标出基本符号。不同的表面结构要求直接标注在图形中
	在图纸空间有限时，用带字母的完整符号，以等式的形式，在图形或标题栏附近，对有相同表面结构要求的表面进行简化标注
	可用表面结构符号，以等式的形式给出对多个表面共同的表面结构要求

续表 8-5

图例	说明
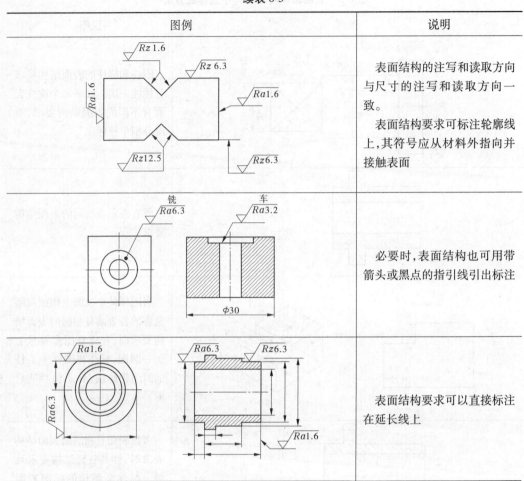	表面结构的注写和读取方向与尺寸的注写和读取方向一致。 表面结构要求可标注轮廓线上，其符号应从材料外指向并接触表面
	必要时，表面结构也可用带箭头或黑点的指引线引出标注
	表面结构要求可以直接标注在延长线上

8.5.1.5 表面粗糙度的选择

一般来说，凡是零件上有配合要求或有相对运动的表面，Ra 值要小。Ra 的数值越小，零件表面越平整光滑，质量要求越高，加工成本也越高。因此，在满足使用要求的前提下，尽可能选用较大的 Ra 值。同时，在选择数值时，既要满足零件的功能要求，又要符合加工的经济性。具体选用时，可参照生产中的实例，用类比法确定，同时注意下列问题：

(1) 在满足功用的前提下，尽量选用较大的表面粗糙度参数值，以降低生产成本。

(2) 在同一零件上，工作表面的粗糙度参数值应小于非工作表面的粗糙度参数值。

(3) 受循环载荷的表面及容易引起应力集中的表面(如圆角、沟槽)，表面粗糙度参数值要小。

(4) 配合性质相同时，零件尺寸小的比尺寸大的表面粗糙度参数值要小；同一公差等级，小尺寸比大尺寸、轴比孔的表面粗糙度参数值要小。

(5) 运动速度高、单位压力大的摩擦表面比运动速度低、单位压力小的摩擦表面的粗糙度参数值小。

（6）一般来说，尺寸和表面形状要求精确程度高的表面，粗糙度参数值小。

表 8-6 为轮廓算术平均偏差 Ra 的常用数值区段 $50 \sim 0.2~\mu m$ 的获得方法及应用举例。

表 8-6 表面粗糙度获得方法及应用举例

Ra	表面特征	表面形状	获得表面粗糙度的方法	应用举例
100	粗糙	明显可见的刀痕	锯断、粗车、粗铣、粗刨、钻孔及用粗纹锉刀、粗砂轮等加工	管的端部断面和其他半成品的表面、带轮法兰盘的接合面、轴的非接触端面、倒角、铆钉孔等
50		可见的刀痕		
25		微见的刀痕		
12.5	半光	可见加工痕迹	拉制（钢丝）、精车、精铣、粗铰、粗铰埋头孔、粗刨刀加工、刮砾	支架、箱体、离合器、带轮螺钉孔、轴或孔的退刀槽、量杯、套筒等非配合面、齿轮非工作面、主轴的非接触外表面，IT11～IT8 级公差的接合面
6.3		微见加工痕迹		
3.2		看不见加工痕迹		
1.6	光	可辨加工痕迹的方向	精磨、金刚石车刀的精车、精铰、拉制、刮刀加工	轴承的重要表面、齿轮轮齿的表面、普通车床导轨面、滚动轴承相配合的表面、机床导轨面、发动机曲轴、凸轮轴的工作面、活塞外表面等 IT8～IT6 级公差的接合面
0.8		微辨加工痕迹的方向		
0.4		不可辨加工痕迹的方向		
0.2	最光	暗光泽面	研磨加工	活塞销和毡圈的表面、换气凸轮、曲柄轴的轴颈、气门及气门座的支持表面、发动机气缸内表面、仪器导轨表面、液压传动件工作面、滚动轴承的滚道、滚动体表面、仪器的测量表面、量块的测量面等
0.1		亮光泽面		
0.05		镜状光泽面		
0.025		雾状镜面		
0.012		镜面		

8.5.2 极限与配合

8.5.2.1 零件的互换性

在批量生产中，要求机器零件具有互换性。即从加工完全合格的一批规格相同的零件中任取一件，不经修配就能立即装配到机器或部件上，并能保证使用性能的要求。零件具有的这种性质称为互换性。零件具有互换性，不仅给机器的装配、维修带来方便，而且满足生产各部门广泛的协作要求，为大批量的生产、流水作业提供了条件，从而缩短生产周期，提高劳动效率和经济效益。

影响零件的互换性的因素有表面粗糙度、尺寸公差和形位公差等。

8.5.2.2 尺寸公差的概念

在实际生产中，由于加工或测量等因素的影响，加工完工后零件的实际尺寸不可能绝对准确，为了保证零件的互换性，必须将零件的实际尺寸控制在允许的变动范围内，这个允许的尺寸变动范围称为尺寸公差。

图 8-29 表示了极限与配合和公差的基本概念。

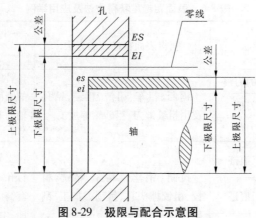

图 8-29　极限与配合示意图

(1)公称尺寸。设计时确定的尺寸称为基本尺寸。

(2)实际尺寸。经过测量所得的尺寸，是用测量尺寸来近似表达的零件的真实尺寸。

(3)极限尺寸。允许实际尺寸变化的两个极限值。其中较大的一个为上极限尺寸，较小的一个为下极限尺寸。

(4)尺寸偏差(简称偏差)。某一尺寸减去基本尺寸所得的代数差。

上极限偏差：最大极限尺寸减去基本尺寸所得的代数差。孔的上极限偏差用 ES 表示，轴的上极限偏差用 es 表示。

下极限偏差：最小极限尺寸减去基本尺寸所得的代数差。孔的下极限偏差用 EI 表示，轴的下极限偏差用 ei 表示。

实际尺寸减去公称尺寸所得的代数差称为实际偏差。偏差可以为正、负或零值。

(5)尺寸公差(简称公差)。是指允许尺寸的变动量。即为上极限尺寸和下极限尺寸的差，也等于上极限偏差减下极限偏差所得的差值。公差总为正值。

8.5.2.3　尺寸公差带代号

尺寸公差带代号如图 8-30 所示。

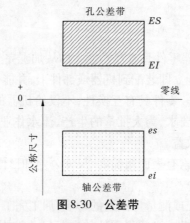

图 8-30　公差带

(1) 尺寸公差带（简称公差带）。在公差带图中，代表上下极限偏差的两条直线所限定的一个区域。

(2) 零线。在公差带图中，表示公称尺寸的一直线，以其为基准确定偏差和公差。

(3) 基本偏差。国家标准（GB/T 1800.1—2009）规定，用以确定公差带相对于零线位置的上极限偏差或下极限偏差，一般为靠近零线的那个偏差。基本偏差的代号用拉丁字母表示，大写的为孔，小写的为轴，各 28 个。基本偏差系列如图 8-31 所示。在图中，孔的基本偏差代号为 A、B、C、⋯、ZA、ZB、ZC，轴的基本偏差代号为 a、b、c、⋯、za、zb、zc。孔的基本偏差中 A～H 为下极限偏差，J～ZC 为上极限偏差；轴的基本偏差中 a～h 为上极限偏差，j～zc 为下极限偏差；JS 和 js 的公差带均匀地分布在零线两边，孔和轴的上、下极限偏差分别为 +IT/2 和 -IT/2。

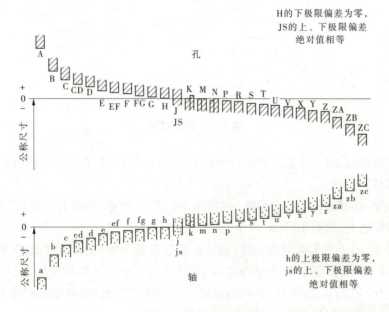

图 8-31 基本偏差系列

基本偏差只表示公差带在公差带图中的位置，而不表示公差带大小，因此公差带一端是开口的，开口的另一端由标准公差限定。

(4) 标准公差。是指国家标准列出的，用以确定公差带大小的任一公差，用符号"IT"表示。国家标准将公差等级分为 20 级：IT01、IT0、IT1～IT18。从 IT01 至 IT18 等级依次降低，IT01 级的精度最高，IT18 级的精度最低。

基本偏差决定公差带的位置，标准公差决定公差带的高度。根据尺寸公差的意义，基本偏差和标准公差有以下关系：对于孔 $ES = EI + IT$，对于轴 $es = ei + IT$。

(5) 公差代号。由基本偏差代号和标准公差等级数字组合而成。例如，$\phi 65k6$ 表示直径为 65 mm 的轴的公差带代号是 k6，由公差带代号可以查出该轴的上、下偏差分别是 0.021 mm 和 0.002 mm。

8.5.2.4 配合

(1)配合种类。公称尺寸相同,互相结合的孔和轴公差带之间的关系称为配合。按配合性质不同可分为间隙配合、过盈配合和过渡配合,如图 8-32 所示。

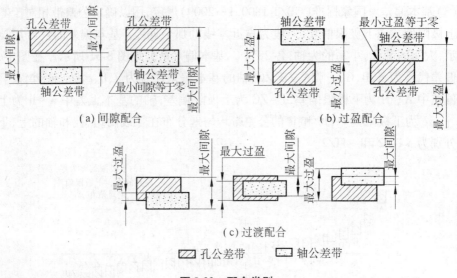

图 8-32 配合类别

间隙或过盈:孔的尺寸减去相配合的轴的尺寸所得的代数差。此差值为正时是间隙,为负时是过盈。

间隙配合:孔与轴装配具有间隙(包括最小间隙等于零)的配合。此时,孔的公差带在轴的公差带之上,如图 8-32(a)所示。

过盈配合:孔与轴装配具有过盈(包括最小过盈等于零)的配合。此时,孔的公差带在轴的公差带之下,如图 8-32(b)所示。

过渡配合:孔与轴装配可能具有间隙或过盈的配合。此时,孔的公差带与轴的公差带相互交叠,如图 8-32(c)所示。

(2)基准制。根据设计要求孔与轴之间可有各种不同的配合,如果孔和轴两者都可以任意变动,则情况变化极多,不便于零件的设计和制造。因此,按以下两种制度规定孔和轴的公差带,如图 8-33 所示。

基孔制配合是基本偏差为零的孔的公差带,与不同基本偏差的轴的公差带形成各种配合的一种制度。基孔制配合的孔称为基准孔,其基本偏差代号为 H,其下极限偏差为零,上极限偏差为正值。

基轴制配合是基本偏差为一定的轴的公差带,与不同基本偏差的孔的公差带形成各种配合的一种制度。基轴制配合的轴称为基轴制,其基本偏差代号为 h,其上极限偏差为零,下极限偏差为负值。表 8-7 是基孔制优先、常用的配合,表 8-8 是基轴制优先、常用的配合。

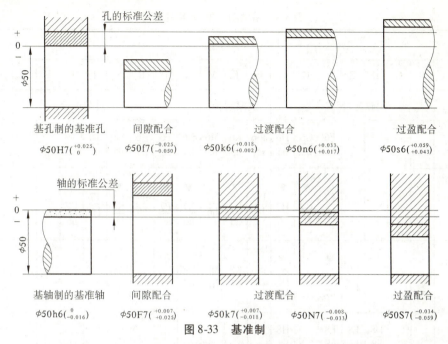

图 8-33 基准制

表 8-7 基孔制优先、常用的配合

基准孔	轴																				
	a	b	c	d	e	f	g	h	js	k	m	n	p	r	s	t	u	v	x	y	z
	间隙配合								过渡配合				过盈配合								
H6						H6/f5	H6/g5	H6/h5	H6/js5	H6/k5	H6/m5	H6/n5	H6/p5	H6/r5	H6/s5	H6/t5					
H7						H7/f6 ▼	H7/g6 ▼	H7/h6 ▼	H7/js6	H7/k6 ▼	H7/m6	H7/n6 ▼	H7/p6	H7/r6	H7/s6 ▼	H7/t6	H7/u6 ▼	H7/v6	H7/x6	H7/y6	H7/z6
H8				H8/d8	H8/e7 H8/e8	H8/f7 ▼ H8/f8	H8/g7	H8/h7 ▼ H8/h8	H8/js7	H8/k7	H8/m7	H8/n7	H8/p7	H8/r7	H8/s7	H8/t7	H8/u7				
H9			H9/c9	H9/d9 ▼	H9/e9	H9/f9 ▼		H9/h9 ▼													
H10			H10/c10	H10/d10				H10/h10													
H11	H11/a11	H11/b11	H11/c11 ▼	H11/d11				H11/h11 ▼													
H12		H12/b12						H12/h12													

注:1. $\dfrac{H6}{n5}$、$\dfrac{H7}{p6}$ 在基本尺寸小于或等 3 mm 和 $\dfrac{H8}{r7}$ 在小于或等于 100 mm 时,为过渡配合;

2. 注有▼的配合为优先配合,表中总共 59 种,其中优先配合 13 种。

表 8-8 基轴制优先、常用的配合

基准轴	孔																			
	A	B	C	D	E	F	G	H	JS	K	M	N	P	R	S	T	U	V	X	Y	Z
	间隙配合								过渡配合				过盈配合								
h5						F6/h5	G6/h5	H6/h5	JS6/h5	K6/h5	M6/h5	N6/h5	P6/h5	R6/h5	S6/h5	T6/h5					
h6						F7/h6	▼G7/h6	▼H7/h6	JS7/h6	▼K7/h6	M7/h6	▼N7/h6	▼P7/h6	R7/h6	▼S7/h6	T7/h6	▼U7/h6				
h7					E8/h7	▼F8/h7		▼H8/h7	JS8/h7	K8/h7	M8/h7	N8/h7									
h8				D8/h8	E8/h8	F8/h8		H8/h8													
h9				▼D9/h9	E9/h9	F9/h9		▼H9/h9													
h10				D10/h10				H10/h10													
h11	A11/h11	B11/h11	▼C11/h11	D11/h11				▼H11/h11													
h12		B12/h12						H12/h12													

注:注有▼的配合为优先配合,表中总共 47 种,其中优先配合 13 种。

8.5.2.5 公差、配合在图样上的标注

在零件图中,线性尺寸有三种标注形式:①只标注上、下极限偏差。②只标注偏差代号。③既标注偏差代号,又标注上、下极限偏差,但偏差应用括号括起来。其标准形式如图 8-34 所示。

在装配图中一般只标注配合代号,配合代号用分数表示,分子为孔公差带代号,分母为轴的公差带代号,见图 8-35。

第 8 章 零件图

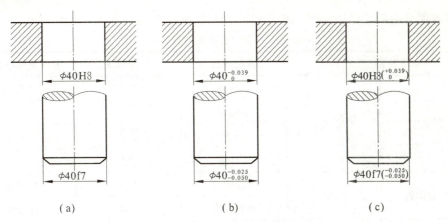

图 8-34 公差与配合在零件图中的标注

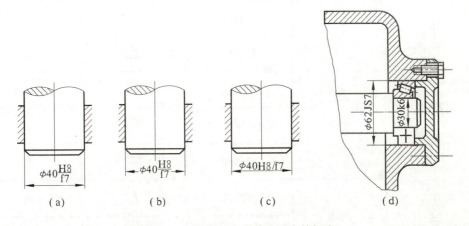

图 8-35 极限与配合在装配图中的标注

8.5.3 形状与位置公差

8.5.3.1 形位公差的概念

形状误差是指实际表面和理想表面的差异，位置误差是指相关联的两个几何要素的实际位置相对于理想位置的差异。形状和位置误差的允许变动量称为形状与位置公差，简称形位公差。

8.5.3.2 形位公差的代号

形位公差代号包括形位公差特征项目符号、形位公差数值、形位公差框格及指引线和其他有关符号、基准符号等。形状公差的有 4 种，位置公差的有 8 种，其中线轮廓度和面轮廓度有基准要求时为位置公差，无基准要求时为形状公差。

（1）形位公差的名称和符号见表 8-9。

（2）形位公差框格的高度为字高的 2 倍，长度可根据需要标出，框格应水平或竖直放置；框格内的字高 h 与图样中的尺寸数字等高，特征项目符号大小与框格中的字体同高，形位公差符号、公差数字、框格线的宽均为字高的 1/10，如图 8-36（a）所示。

基准代号由基准符号、圆圈、连线和字母组成,画法如图8-36(b)所示。

表8-9 形位公差的名称和符号

公差		特征项目	符号	有或无基准要求
形状	形状	直线度	—	无
		平面度	▱	无
		圆度	○	无
		圆柱度	⌭	无
形状或位置	轮廓	线轮廓度	⌒	有或无
		面轮廓度	⌓	有或无
位置	定向	平行度	∥	有
		垂直度	⊥	有
		倾斜度	∠	有
	定位	位置度	⌖	有或无
		同轴(同心)度	◎	有
		对称度	═	有
	跳动	圆跳动	↗	有
		全跳动	↗↗	无

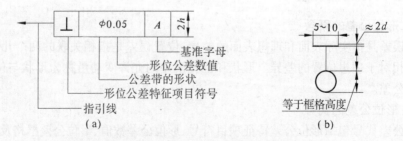

图8-36 形位公差代号及基准代号

(3)形位公差标注示例。

①当被测要素为表面或轮廓线时,指引线的箭头指向该要素的轮廓线或延长线上,但必须与尺寸线明显地错开,如图8-37所示。

②当被测要素为回转面的轴线、对称面时,指引线的箭头应与该要素的尺寸线对齐。如图8-38所示。

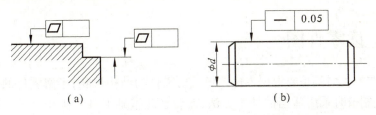

图 8-37 形位公差标注(一)

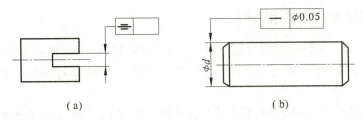

图 8-38 形位公差标注(二)

③当基准要素为轴线时,应将基准符号与该要素的尺寸线对齐,如图 8-39 所示。

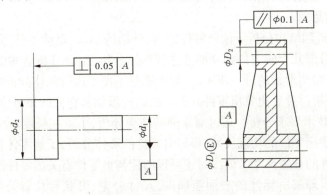

图 8-39 形位公差标注(三)

④对于多个被测要素有相同的形位公差要求时,可以从一个框格内的同一端引出多个指示箭头,如图 8-40(a)所示,同一个被测要素有多项形位公差要求时,可在一个指引线上画出多个公差框格,如图 8-40(b)所示。

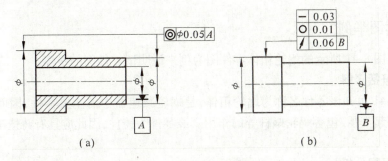

图 8-40 形位公差标注(四)

8.6 读零件图

读零件图的目的就是要根据零件图想象出零件的结构形状,了解零件的尺寸和技术要求,以便在制造时采用适当的加工方法,或者在此基础上进一步研究零件结构的合理性,以得到不断地改进和创新。

8.6.1 读零件图的方法和步骤

(1)概括了解。从标题栏里可以了解零件的名称、材料、比例和重量等,从这些内容就可以大致了解零件的所属类型和作用,以及零件的加工方法及大小等,对该零件有个初步的认识。

(2)视图分析。读零件图时,首先要从主视图入手,然后看用多少个基本视图和辅助视图来表达,以及它们之间的投影关系,从而对每个视图的作用和所用表达方法的目的大体有所了解。如剖视图的剖切位置,局部视图、斜视图箭头所指的投影方向等,都明显地表达了绘图者的意图。

(3)形体分析和结构分析。读懂零件的内、外结构形状,是读零件图的重要环节。从基本视图出发,分成几个较大的独立部分进行形体分析,结合分析这些结构的功能特点,可以加深对零件结构形状的进一步了解,对于那些不便于进行形体分析的部分,根据投影关系进行线面分析。最后想象出零件各部分的结构形状和它们的相对位置。

(4)尺寸和技术要求分析。通过对零件的结构分析,了解在长度、宽度和高度方向的主要尺寸基准,找出零件的功能尺寸;根据对零件的形体分析,了解零件各部分的定形、定位尺寸,以及零件的总体尺寸。读图时还可以阅读与该零件有关的零件图、装配图和技术资料,以便进一步理解所标注的表面粗糙度、尺寸公差、形状和位置公差等技术要求的意图。

(5)综合归纳。必须把零件的结构形状、尺寸和技术要求综合起来考虑,把握零件的特点,以便在制造、加工时采取相应的措施,保证零件的设计要求。不清楚的地方,必须查阅有关的技术资料。如发现错误或不合理的地方,协同有关部门及时解决,使产品不断改进。

8.6.2 读图举例

下面以图 8-41 所示的蜗轮箱体零件图为例来说明读零件图的步骤。

8.6.2.1 概括了解

由图 8-41 可知该零件名称为蜗轮箱体,是蜗轮减速器中的主要零件,因而即可知蜗轮箱体主要起支承、包容蜗轮蜗杆等的作用。该零件为铸件,因此应具有铸造工艺结构的特点。

8.6.2.2 视图分析

首先找出主视图及其他基本视图、局部视图等,了解各视图的作用以及它们之间的关系、表达方法和内容。图 8-41 所示的蜗轮箱体零件图采用了主视、俯视和左视三个基本

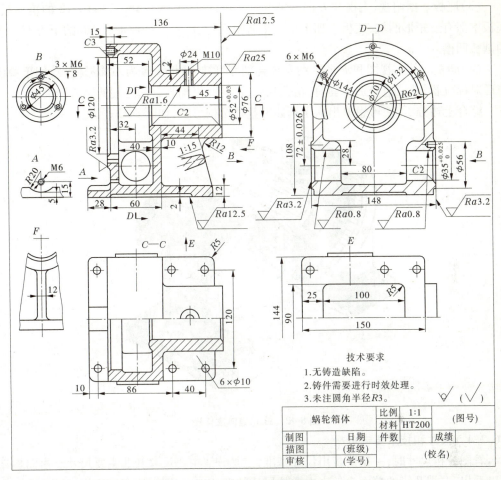

图 8-41 蜗轮箱体零件图

视图、四个局部视图和一个重合剖面。其中,主视图采取全剖视,主要表达箱体的内形;左视图为 D—D 局部剖视图,表达左端面外形和 $\phi 35^{+0.025}_{0}$ 轴承孔结构等;俯视图为 C—C 半剖视图,与 E 向视图相配合,以表达底板形状等。其余 A 向、B 向、E 向和 F 向局部视图均可在相应部位找到其投影方向。

8.6.2.3 形体分析和结构分析

以结构分析为线索,利用形体分析方法逐个看懂各组成部分的形状和相对位置。一般先看主要部分,后看次要部分,先外形,后内形。由蜗轮箱体的主视图分析,大致可分成以下四个组成部分。

(1) 箱壳。从主视、俯视和左视图可以看出箱壳外形:上部为外径 $\phi 144$、内径 $R62$ 的半圆形壳体,下部大体上是外形尺寸为 60、144、108,厚度为 10 的长方形壳体;箱壳左端是圆形凸缘,其上有 6 个均布的 M6 螺孔,箱壳内部下方前后各有一方形凸台,并加工出装蜗杆用的滚动轴承孔。

(2) 套筒。由主视、俯视和左视图可知,套筒外径为 $\phi 76$,内孔为 $\phi 52^{+0.03}_{0}$,用来安装蜗轮轴,套筒上部有一个 $\phi 24$ 的凸台,其中有一个 M10 的螺孔。

(3)底板。据俯视、主视和 E 向有关部分分析,底板大体是 $150 \times 144 \times 12$ 的矩形板,底板中部有一矩形凹坑,底板上加工出 6 个 $\phi 10$ 的通孔;左部的放油孔 M6 的下方有一个的圆弧凹槽。

(4)肋板。从主视图和 F 向视图及重合剖面可知,肋板大致为一梯形薄板,处于箱体前后对称位置,其三边分别与套筒、箱壳和底板连接,以加强它们之间的结构强度。

综合上述分析,便可想象出蜗轮箱体的整体结构形状,如图 8-42 所示。

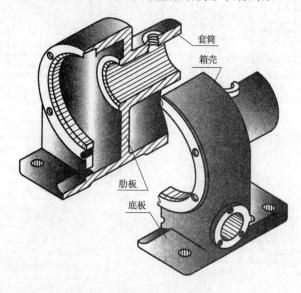

图 8-42 蜗轮箱体立体图

8.6.2.4 尺寸和技术要求分析

看图分析尺寸时,一是要找出尺寸基准,二是分清主要尺寸和非主要尺寸。由图 8-41 可以看出,左端凸缘的端面为长度方向的尺寸基准,以此分别标注套筒和蜗杆轴承孔轴心线的定位尺寸 52 和 32。宽度方向的尺寸基准为对称平面;高度方向的尺寸基准为箱体底面。蜗轮轴孔与蜗杆轴孔的中心距 72 ± 0.026 为主要尺寸,加工时必须保证。然后进一步分析其他尺寸。

在技术要求方面,应对表面粗糙度、尺寸公差与配合、几何公差以及其他要求作详细分析。如本例中轴孔 $\phi 35_{0}^{+0.025}$ 和 $\phi 52_{0}^{+0.03}$ 等加工精度要求较高,表面粗糙度 Ra 为 0.8 μm。

8.7 零件测绘

零件测绘是对现有的零件实物进行观察分析、绘制出零件草图、测量并标注尺寸,制定技术要求,最后完成零件图的过程。零件测绘是一项十分重要的技术工作。在仿造和修配机器部件及进行技术改造时,常常要通过零件测绘来获得相关资料或图样。因此,工程技术人员必须具备一定的零件测绘能力。

8.7.1 分析零件，确定表达方案

进行零件测绘时，首先了解零件的名称、用途、材料及在机器或部件中的位置和作用，然后对零件进行形体分析和结构分析，以确定表达方案。

如图 8-43 所示泵盖，材料为铸铁 HT200，泵盖在齿轮泵中起密封和支承主、从动齿轮轴的作用，其上有 2 个不通孔与主、从动两齿轮轴相配，起支承两轴的作用；有 4 个沉孔和 2 个销孔用于泵体、泵盖的定位和连接；稳压装置还有 2 个油孔与泵体高、低油腔相通，与高压油孔相通的螺孔供安装调节螺钉，用以控制油的压力高低。

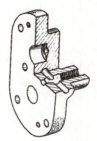

图 8-43　泵盖

主视图按工作位置安放，考虑结构形状特征，其投影方向选为与轴线垂直方向，这样可使主视图反映的外形和各部分相对位置比较清楚。所以，主视图按结构形状特征原则绘制，配置全剖左视图、B—B 全剖俯视图和一个 C 局部视图表达泵盖即可，如图 8-44(d)所示。

8.7.2 画零件草图

因测绘工作常在现场或生产车间进行，因此零件草图是凭目测比例在方格纸或白纸上徒手绘制出来的表达零件结构形状的一组图形。零件草图是画零件工作图的重要依据，必须具有零件工作图的全部内容(包括一组图形、完整的尺寸、技术要求和标题栏)，决不能理解为"潦草之图"。它与零件图的区别仅仅是：不用尺规，徒手作图。

零件草图画图步骤如下所述：

(1)根据零件的结构形状确定零件的表达方案，在图纸上以目测比例徒手画出各个视图。画视图时，要尽量保持零件各部分的大致比例关系，线型粗细要分明，图面要整洁。

(2)选定尺寸基准，按正确、完整、清晰并尽可能合理地标注尺寸的要求，画出全部尺寸线、尺寸界线和箭头。

(3)逐个测量零件尺寸并标注尺寸数字，测量尺寸时力求准确。注写表面粗糙度代号，选择尺寸公差和形位公差等各项技术要求，填写标题栏，完成零件图。具体步骤见图 8-48。

画零件草图的注意事项如下所述：

(1)在零件上留下的某些铸造缺陷，如砂眼、气孔、划痕等不能照原样画出，应修正画出。

(2)零件上损坏部分应参照其相邻零件或有关资料，将损坏部分按完整形状画出。

(3)零件上的工艺结构如倒角、退刀槽、砂轮越程槽等必须画出。

8.7.3 根据零件草图绘制零件工作图

在绘制零件草图时，由于是现场操作，受工作条件的影响，有些问题不能处理得很完善，因此在画零件工作图时，还需要对草图进行认真的审核，如对图形表达、尺寸标注方式

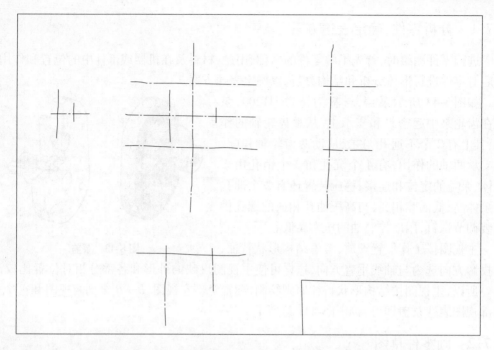

(a) 确定比例、图幅，画边框留出标题栏位置，布置图形画各视图主要基准线

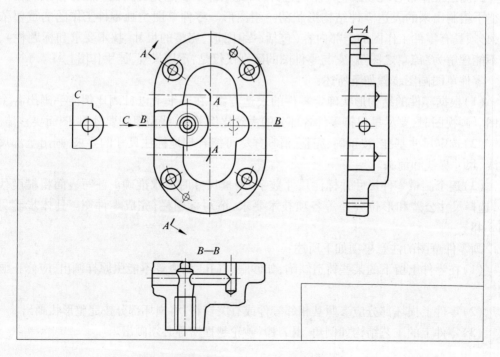

(b) 按比例画出零件的结构形状

图 8-44　泵盖零件草图的绘图步骤

第8章 零件图

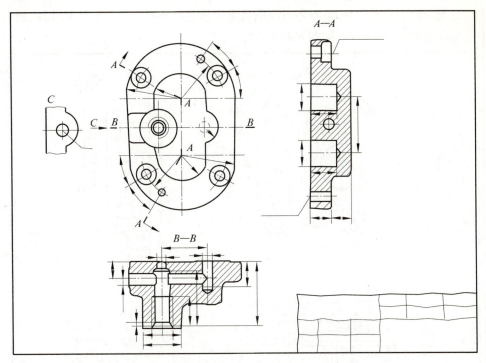

(c) 检查无误后加深图线，画出剖面线、尺寸界线、尺寸线、箭头和标题栏

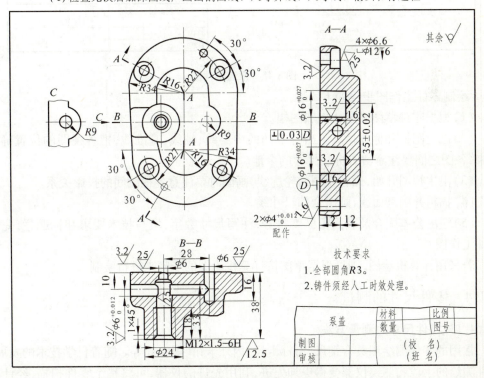

(d) 逐个测量并标注尺寸，填写技术要求和标题栏

续图 8-44

要进行复查、补充、完善和修改;对各方面的技术要求进行查对后重新设计和计算,最后绘制出完整合格的零件工作图,如图8-45所示。

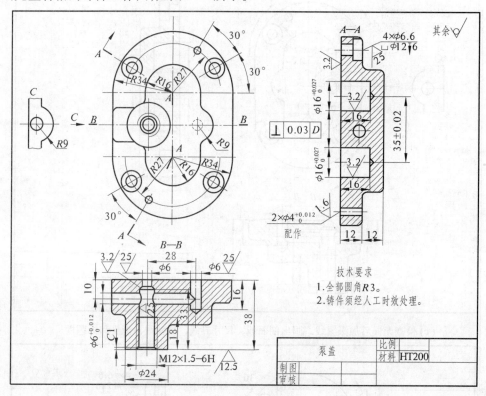

图8-45 泵盖零件图

绘制零件工作图步骤如下所述:

(1)根据零件草图确定比例和图幅。

(2)画出图框和标题栏。画出各视图的中心线、轴线、基准线,把各视图的位置确定下来,各图之间要注意留有标注尺寸的余地。

(3)由主视图开始,画各视图的轮廓线,画图时要注意各视图间的投影关系。

(4)描粗并画剖面线,画出全部尺寸线。

(5)注出公差配合及表面粗糙度符号,注写尺寸数字,填写技术要求和标题栏,完成零件工作图。

若采用计算机绘图,则可根据草图按计算机绘图的步骤来进行绘制。

8.7.4 零件尺寸的测量

8.7.4.1 零件尺寸的测量方法

常用的零件测绘工具有钢尺、游标卡尺、内外卡钳、螺纹规等。随着科学技术的发展,零件测绘的手段和测绘仪器变得更加先进,利用先进的仪器,可将整个零件扫描,经计算机处理后,可以直接得到具有尺寸的零件三维实体图形和视图。对于简单的或少批量的零件用游标卡尺,内、外卡钳测量零件不同尺寸的方法有以下几种:

(1)测量直线尺寸。用直尺或游标卡尺直接测量得到读数,如图8-46所示。

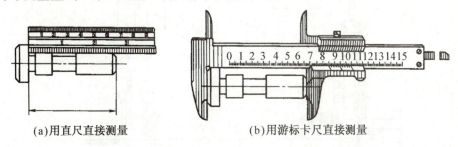

(a)用直尺直接测量　　(b)用游标卡尺直接测量

图8-46　用直尺和游标卡尺直接测量

(2)测量孔中心距与中心高。一般可用直尺、卡钳或游标卡尺测量,如图8-47所示。

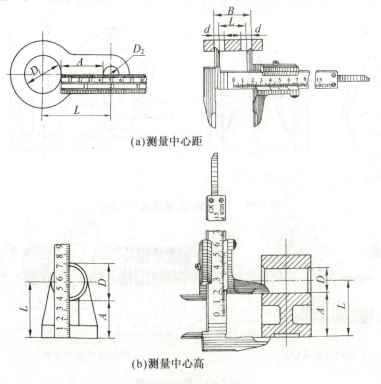

(a)测量中心距

(b)测量中心高

图8-47　测量中心距和中心高

(3)测量内径和深度尺寸,如图8-48所示。

(4)螺纹螺距的测量。如图8-49所示,用螺纹规或用压印法测出螺距,用游标卡尺量出螺纹大径,目测螺纹的旋向和线数,查有关手册与标准核对,取标准值。

(5)对精度要求不高的轮廓,可采用如图8-50所示方法在纸上拓出它的轮廓形状,然后用几何作图的方法求各连接圆弧的尺寸和中心位置。

8.7.4.2　测量和标注零件尺寸注意事项

(1)正确使用测量工具和选择测量基准,以减少尺寸的测量误差,尺寸要集中测量,逐个填写。

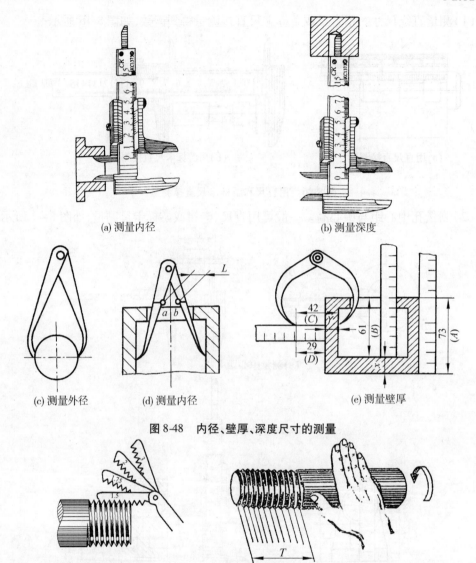

图 8-48　内径、壁厚、深度尺寸的测量

图 8-49　螺距的测量

(2) 零件上非配合面、非接触面、不重要表面在测量所得的尺寸有小数时,应圆整,并尽可能与标准尺寸系列中的数值相同或相近。

(3) 零件的配合尺寸应取标准值,相配的孔、轴基本尺寸应一致,其配合性质和公差等级按使用要求,查表确定。

(4) 测量已磨损部位的尺寸时,应考虑零件的磨损值。

(5) 对一些计算尺寸不能圆整,精确到小数点后

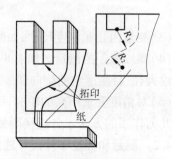

图 8-50　测量曲线和曲面

3位。如按两齿轮中心距的计算公式 $A = m(d_1 + d_2)/2$ 计算中心距及计算轴或轮毂上键槽的尺寸 $d + t_1$ 或 $d - t_1$。

(6)对标准结构或与标准件相配合的结构如直径、键槽、齿、退刀槽、销孔以及与滚动轴承相配合的轴或壳体孔的尺寸都应取标准值。

本章小结

本章主要介绍了零件图的作用、内容以及如何读懂零件图和绘制零件图等相关知识。要求学生重点掌握零件图的视图选择和尺寸标注,掌握国家标准对零件技术要求的有关规定。在学习时应注意培养良好的作图习惯,严格遵守制图国家标准,为今后进一步的学习打下基础。

通过本章的学习,应能绘制和阅读常见零件的零件图,同时应能做到视图选择正确、合理,表达完全、清晰,尺寸标注符合国家标准要求,并有一定的技术要求。

第9章 装配图

【本章导读】

本章主要介绍装配图的表达方法、装配图的视图选择、装配图的尺寸标注和装配图的技术要求,以及测绘装配体和绘制装配图的方法和步骤、阅读装配图和拆画零件图的方法与步骤等机械制图知识。

【教学目标】

了解装配图的表达方法:规定画法、特殊画法和简化画法。

掌握装配图的视图选择:主视图的选择和其他视图的选择。

了解装配图的尺寸标注:规定尺寸、装配尺寸、安装尺寸、外形尺寸以及其他重要的尺寸。

了解装配图的技术要求,零、部件序号和明细栏。

熟悉测绘装配体和绘制装配图的方法和步骤。

掌握阅读装配图和拆画零件图的方法和步骤。

9.1 装配图的作用和内容

9.1.1 装配图的作用

装配图是表达机器(或部件)的图样。在设计过程中,一般是先画出装配图,然后拆画出零件图;在生产过程中,先根据零件图进行零件加工,然后依照装配图将零件装配成部件或机器。因此,装配图既是制订装配工艺规程,进行装配、检验、安装及维修的技术文件,也是表达设计思想、指导生产和交流技术的重要技术文件。

9.1.2 装配图的内容

一张装配图不仅要表示机器(或部件)的结构,同时也要表达机器(或部件)的工作原理和装配关系。如图 9-1 所示为滑动轴承的轴测图,如图 9-2 所示为滑动轴承的装配图。从图 9-2 可以看出一张完整的装配图应具备如下内容:

(1)一组视图。运用必要的一组视图和各种表达方法,将装配体的工作原理、零件的装配关系、零件的连接和传动情况,以及各零件的主要结构形状表达

图 9-1 滑动轴承

第 9 章 装配图

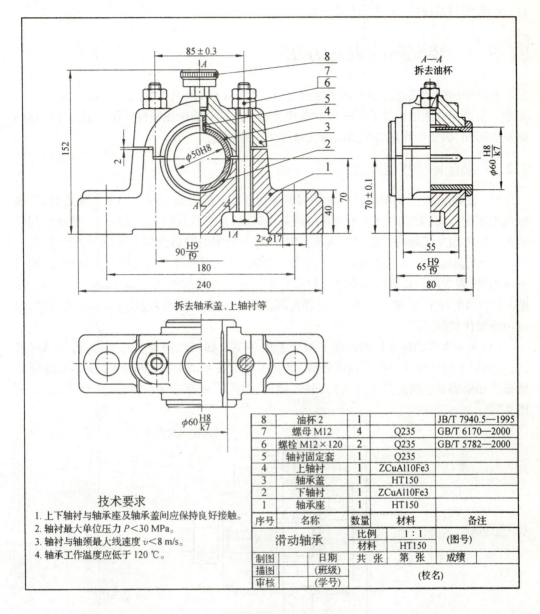

图 9-2 滑动轴承装配图

清楚。滑动轴承装配图是通过一组三视图,主、左视图半剖,俯视图右半边拆去轴承盖的画法,将装配体表达得完整、清楚。

(2) 必要的尺寸。必要的尺寸包括反映机器或部件的性能、规格、零件之间的装配关系的尺寸,以及机器或部件的外形尺寸、安装尺寸和其他重要尺寸。

(3) 技术要求。有关机器(或部件)的装配、安装、调试、使用等方面的要求和应达到的技术指标一般用文字写出。

(4) 标题栏、零件序号及明细栏。在装配图中,应对每个不同零部件编序号,并在明细栏中填写序号、代号、名称、数量、材料、备注等内容。标题栏中应填写机器或部件的名称、比例、图号及设计、审核等人员的签名。

9.2 装配图的表达方法

装配图的侧重点是将装配体的结构、工作原理和零件间的装配关系正确、清晰地表示清楚。前面所介绍的机件表示法中的画法及相关规定对装配图同样适用。但由于表达的侧重点不同,国家标准对装配图的画法也作了一些规定。

9.2.1 装配图的规定画法

(1)接触面、配合面的画法。两相邻零件接触面和配合面之间只画一条轮廓线;非接触面和非配合面,无论间隙大小均画出两条轮廓线,并留有间隙(见图9-2)。轴承座与轴承盖之间不相互接触的面需要画两条轮廓线,相互接触的配合面只需要画一条轮廓线。

(2)剖面线的画法。相邻的两个或多个金属零件,剖面线的画法应有所区别,或倾斜方向相反,或方向一致而间隔不等。但同一零件各视图的剖面线方向、间隔必须一致,如图9-2所示的轴承座、轴承盖和上、下轴瓦剖面线的画法。断面厚度小于2 mm的零件,允许用涂黑代替剖面线。

(3)实心零件和标准件的画法。对于紧固件以及轴、键、销等实心零件,若按纵向剖切,且剖切平面通过其对称平面或轴线,这些零件均按不剖绘制,如图9-2所示的螺栓和螺母。如果需要表明此类零件上的凹槽、键槽、销孔等局部结构,可用局部剖视表示(见图9-3)。

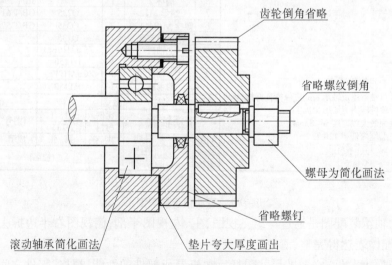

图9-3 简化、夸大画法

9.2.2 装配图的特殊表达方法

(1)沿接合面剖切或拆卸画法。在装配图中,当某些零件遮住了所需表达的其他结构时,可假想将某些零件拆卸后绘制或沿零件的接合面剖切后绘制。当需要说明时,可在视图上方标注"拆去零件××"。如图9-2所示滑动轴承的俯视图的右半部,即是沿着轴承座与轴承盖和上、下轴瓦的接合面用拆卸代替剖切的画法(相当于沿轴承座与轴承盖的接合面剖切的半剖视图),所以只画螺栓横断面的剖面线,其余均不画剖面线。

(2)假想画法。当需要表达某些运动零件的运动范围和极限位置时,其中一个极限位置用粗实线,另一个极限位置用细双点画线画出该零件的轮廓(见图9-4)。当需要表达与装配体相关又不属于该装配体的零件时,也可采用假想画法画出部分的轮廓线(见图9-4)。

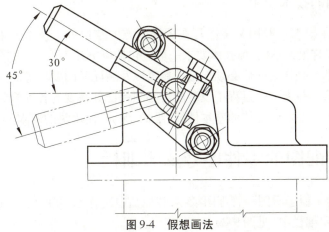

图9-4 假想画法

(3)简化画法。如图9-3所示装配图中如有若干呈规律分布的相同零、部件组(如螺栓连接等),只需要详细画出其中一组,其余用点画线表示位置即可。零件的工艺结构如小倒角、小圆角、退刀槽、拔模斜度等在装配图中允许省略不画。滚动轴承、油封等在装配图中可以采用简化画法或示意画法。

(4)夸大画法。装配图中如遇到薄片零件、细丝弹簧或较为细小的结构、间隙,按原始比例无法画出,允许将其夸大绘制,如图9-3所示。

9.3 装配图的尺寸标注、技术要求

9.3.1 装配图的尺寸标注

由于装配图主要是用来表达零、部件的装配关系的,所以在装配图中不必像零件图那样标注出零件的全部尺寸,只需要标注与机器(或部件)的性能、工作原理、装配关系和安装要求相关的尺寸即可。这些尺寸按其作用不同,可分为以下五类:

(1)性能(规格)尺寸。表示机器(或部件)性能和规格的尺寸,是设计、了解和选用机器(或部件)的主要依据,如图9-2所示滑动轴承轴孔直径 $\phi 50H8$。

(2)装配尺寸。表示装配体各零件间的配合性质或装配关系的尺寸,如图9-2所示的 $\phi 60H8/k7$、$65H9/f9$ 等。

(3)安装尺寸。表示机器(或部件)安装在地基或其他机器上所需要的尺寸,如图9-2所示的尺寸 180、$2 \times \phi 17$。

(4)外形尺寸。表示机器(或部件)外形轮廓的大小,即总长、总宽、总高尺寸,为包

装、运输、安装所需空间大小提供依据,如图 9-2 所示的尺寸 240、152、80。

(5)其他重要尺寸,是指机器(或部件)在设计时经过计算或选定的尺寸,又不包括在上述四类尺寸中,这类尺寸在拆画零件图时不能改变,如图 9-2 所示的尺寸 90、70 等。

以上五类尺寸,并非在每张装配图上都需全部标注,有时同一个尺寸,可同时兼有几种含义。所以,装配图上的尺寸标注,要根据具体的装配体情况来确定。

9.3.2 装配图的技术要求

装配图的技术要求一般用文字注写在图样下方的空白处。技术要求因装配体的不同,其具体的内容有很大不同,但技术要求一般应包括以下几个方面(见图 9-2):

(1)装配要求。是指装配后必须保证的精度以及装配时的要求等。

(2)检验要求。是指装配过程中及装配后必须保证其精度的各种检验方法。

(3)使用要求。是对装配体的基本性能、维护、保养、使用时的要求。

9.4 装配图的零件序号及明细栏

在生产中,为了便于看图和管理图纸,对装配图中所有零、部件均需独立编号,并按图中序号一一列在明细栏中(见图 9-2)。

9.4.1 零、部件序号

(1)装配图中的每种零、部件都要编写序号,并与明细栏中的序号一致。形状、尺寸完全相同的零件只编一个序号,数量填写在明细栏内;形状相同、尺寸不同的零件,要分别编写序号。滚动轴承、油杯、电动机等组合件只编一个序号。

(2)零件序号编写在视图轮廓线以外,编写形式如图 9-5 所示。在要标注的零件上画一圆点,然后自圆点开始用细实线画指引线,在指引线顶端用细实线画一水平线或一小圆,在水平线上或小圆内写上零件的序号,序号字高比该装配图中所注尺寸数字大一号,如图 9-5(a)所示。也可以在指引线附近注写序号,如图 9-5(b)所示。同一装配图中编注序号的形式应一致。如所指的零件很薄不易于画小圆点,可画箭头指向该零件的轮廓,如图 9-5(c)所示。

(3)指引线尽量均匀分布,避免彼此交叉。当穿过有剖面线的区域时,应避免与剖面线平行。必要时,指引线可以画成折线,但只允许折弯一次,如图 9-5(d)所示。

(4)可以用公共的指引线来表示一组紧固件或装配关系清楚的组件,见图 9-5(e)。

(5)编写图中序号时,应按顺时针或逆时针的方向,水平或垂直依次排列整齐。

9.4.2 明细栏的编制

(1)明细栏应画在标题栏的上方,并与标题栏相连接。如地方不够,也可以将一部分画在标题栏的左方。

(2)零件序号应自下而上按顺序填写,以便增加零件时继续向上添补。

(3)明细栏外框用粗实线绘制,内格用细实线绘制。

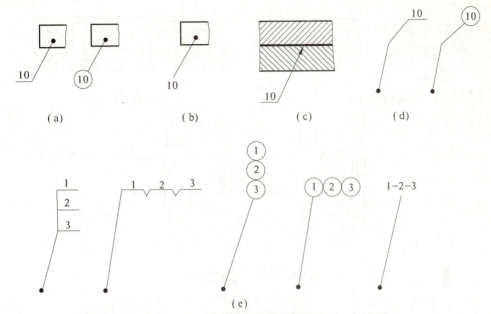

图9-5 零、部件序号及其编排方法

(4)在实际生产中,还可将明细栏单独绘制在另一张图纸上,称为明细表。

建议学生在校学习期间装配图作业中采用图1-6(b)所示的格式。

9.5 装配结构的合理性

在设计和绘制装配图与零件图的过程中,应考虑到装配结构的合理性,以确保机器和部件的性能,并给零件的加工和装拆带来方便。现举例说明,以供绘图时参考。

9.5.1 接触面与配合面的结构

(1)两个零件的接触面,同一方向上只能有一对接触面,如图9-6所示。

(2)轴孔配合时,同一方向上也只允许有一对配合面,见图9-7(a);端面如相互接触,则需加工出孔的倒角或轴的退刀槽,避免转角处90°接触,如图9-7(b)所示。

9.5.2 密封装置

为防止部件内部液体外漏,同时防止外部灰尘与杂屑侵入,需要采用合理的防漏、密封装置,如图9-8所示。

9.5.3 防松结构

为了防止机器在运转的过程中,螺纹紧固件受到冲击或振动后产生松动脱落现象,常采用双螺母、弹簧垫圈、止动垫圈和开口销等防松结构,如图9-9所示。

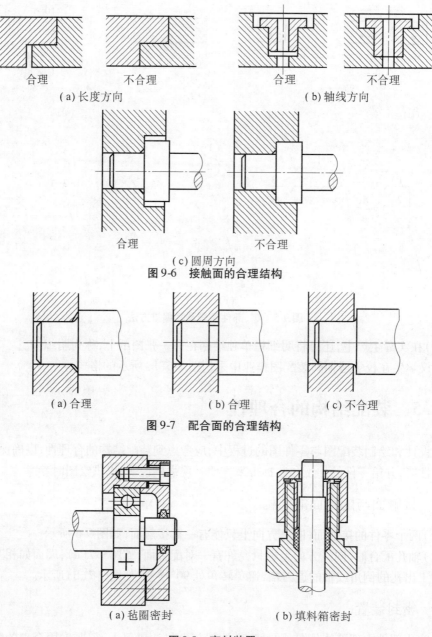

(a) 长度方向　　　(b) 轴线方向

(c) 圆周方向

图 9-6　接触面的合理结构

(a) 合理　　　(b) 合理　　　(c) 不合理

图 9-7　配合面的合理结构

(a) 毡圈密封　　　(b) 填料箱密封

图 9-8　密封装置

9.5.4　方便装拆结构

(1) 螺纹紧固件方便装拆的结构,必须留出装、拆螺栓的空间,如图 9-10 所示。

(2) 部件中采用圆柱销和圆锥销定位时,销孔一般应制成通孔,以便拆装和加工,如图 9-11 所示。

(3) 滚动轴承常用轴肩和孔肩定位,为了方便拆卸,要求轴肩和孔肩高度必须分别小于轴承内圈和外圈的厚度,如图 9-12(b) 和图 9-12(d) 所示的形式,就很容易将轴承顶出。

第9章 装配图

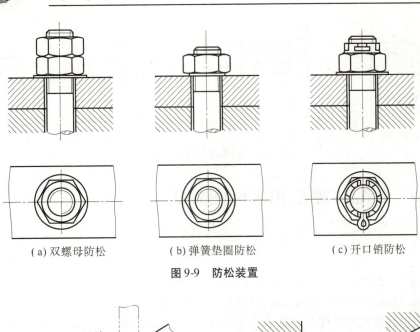

图9-9 防松装置

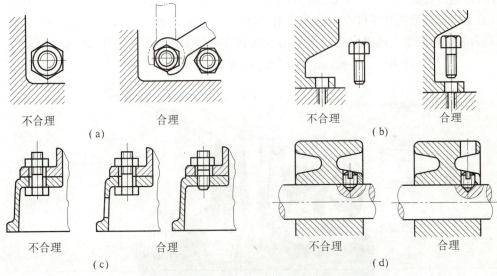

图9-10 螺纹连接装配结构

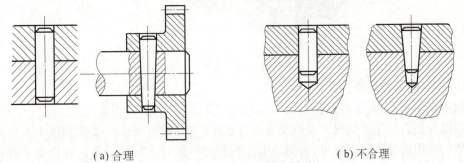

图9-11 销连接合理结构

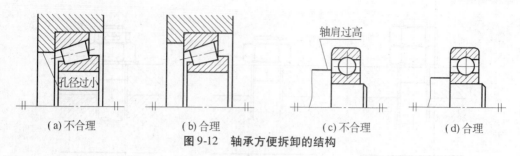

(a) 不合理　　(b) 合理　　(c) 不合理　　(d) 合理

图 9-12　轴承方便拆卸的结构

9.6　装配体测绘和装配图画法

9.6.1　装配体测绘

对新产品进行仿制或对现有机械设备进行技术改造以及维修时，往往需要对其进行测绘，即通过拆卸零件进行测量，画出装配示意图和零件草图；然后根据零件草图画装配图；最后依据装配图和零件草图画零件图，从而完成装配图和零件图的整套图样，这个过程称为装配体测绘。现以图 9-13 所示球阀为例介绍装配体测绘的方法和步骤。

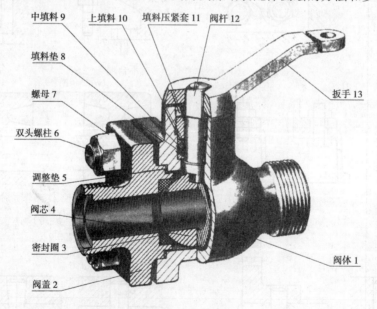

图 9-13　球阀

9.6.1.1　了解测绘对象

通过观察实物、阅读有关技术资料和类似产品图样，了解其用途、性能、工作原理、结构特点以及装拆顺序等情况。在收集资料过程中，尤其要重视生产工人和技术人员对该装配体的使用情况和改进意见，为测绘工作顺利进行做好充分的准备。在初步了解装配体功能的基础上，通过对零件作用和结构的仔细分析，进一步了解零件间的装配、连接关系。

如图9-13所示球阀的阀芯是球形的,是用来启闭和调节流量的部件。图9-13所示位置阀门全部开启,当扳手按顺时针方向旋转90°时,阀门全部关闭。

该装配体的关键零件是阀芯,下面从运动关系、密封关系、包容关系等方面进行分析。

运动关系:扳手→阀杆→阀芯。

密封关系:两个密封圈为第一道防线,调整垫既保证阀体与阀盖之间的密封,又保证阀芯转动灵活;第二道防线为填料,以防止从转动零件阀杆处的间隙泄漏流体。

包容关系:阀体和阀盖是球阀的主体零件,它们之间用四组双头螺柱连接。阀芯通过两个密封圈定位于阀中,通过填料压紧套与阀体的螺纹,将材料为聚四氟乙烯的填料固定于阀体中。

阀体左端通过双头螺柱、螺母与阀盖连接,形成球阀容纳阀芯的空腔。阀体左端的圆柱槽与阀盖的圆柱凸缘相配合。阀体空腔右侧圆柱槽用来放置密封圈,以保证球阀关闭时不泄漏流体。阀体右端有用于连接系统中管道的外螺纹,内部阶梯孔与空腔相通。在阀体上部的圆柱体中,有阶梯孔与空腔相通,在阶梯孔内装有阀杆、填料压紧套等。阶梯孔顶端90°扇形限位凸块,用来控制扳手和阀杆的旋转角度。

9.6.1.2 拆卸零件和画装配示意图

在拆卸前,应准备好有关的拆卸工具以及放置零件的用具和场地,然后根据装配体的特点,制订周密的拆卸计划,按照一定的顺序拆卸零件。拆卸过程中,对每一个零件应进行编号、登记并贴上标签。对拆下的零件要分区分组放在适当地方,避免碰伤、变形,以免混乱和丢失,从而保证再次装配时能顺利进行。

拆卸零件时应注意:在拆卸之前应测量一些必要的原始尺寸,如某些零件之间的相对位置等。拆卸过程中,严禁胡乱敲打,避免损坏原有零件。对于不可拆卸连接的零件,有较高精度的配合或过盈配合,应尽量少拆或不拆,避免降低原有配合精度或损坏零件。

如图9-13所示球阀的拆卸次序如下:

(1)取下扳手13。

(2)拧出填料压紧套11,取出阀杆12,带出中填料9和填料垫8。

(3)用扳手分别拧下四组双头螺柱连接的螺母7,取出阀盖2和调整垫5。

(4)从阀体中取出阀芯4,拆卸完毕。

装配示意图是通过目测,徒手用简单的图线画出装配体各零件的大致轮廓,以表示其装配位置、装配关系和工作原理等情况的简图。

画示意图时,可将零件看成是透明体,其表示可不受前后层次的限制,并尽量把所有零件集中在一个图上表示出来。画机构传动部分的示意图时,应按照《机械制图 机构运动简图用图形符号》(GB/T 4460—2013)的规定绘制。对一般零件可按其外形和结构特点形象地画出零件的大致轮廓。

装配示意图应在对装配体全面了解、分析之后画出,并在拆卸过程中进一步了解装配体内部结构和各零件之间的关系,进行修正、补充,以备将来正确地画出装配图和重新装配装配体之用。球阀的装配示意图如图9-14所示。

9.6.1.3 画零件草图

把拆下的零件逐个地徒手画出其零件草图。对于一些标准零件,如螺栓、螺钉、螺母、

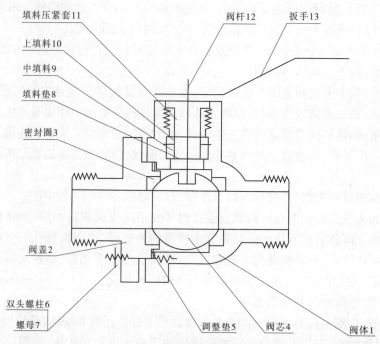

图9-14 球阀的装配示意图

垫圈、键、销等可以不画,但应测量其主要规格尺寸,以确定它们的规定标记,其他数据可通过查阅有关标准获取。所有非标准件都必须画出零件草图,并要准确、完整地标注测量尺寸。

零件草图的画法前面已作过介绍,在装配体测绘中,画零件草图还应注意以下三点:

(1)绘制零件草图,除图线是用徒手完成的外,其他方面的要求均和画正式的零件工作图一样。

(2)零件草图可以按照装配关系或拆卸顺序依次画出,以便随时校对和协调各零件之间的相关尺寸。

(3)零件间有配合、连接和定位等关系的尺寸要协调一致,并在相关零件草图上一并标出。

球阀的部分零件草图如图9-15所示。

9.6.2 画装配图的方法和步骤

在画装配图之前,必须对该装配体的功用、工作原理、结构特点,以及装配体中各零件的装配关系等有一个全面的了解和认识。装配体是由若干零件组成的,根据装配体所属的零件图,就可以画出装配体的装配图。现以图9-16所示球阀装配图为例,介绍画装配图的方法和步骤。

9.6.2.1 拟订表达方案

表达方案包括选择主视图、确定其他视图。拟订表达方案能较好地反映装配体的装配关系、工作原理和主要零件的结构形状等。

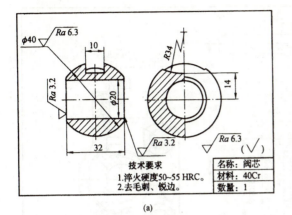
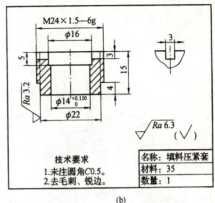
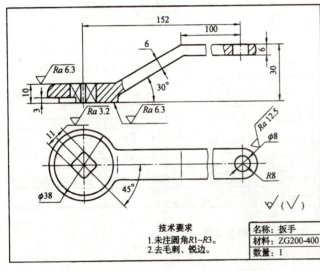
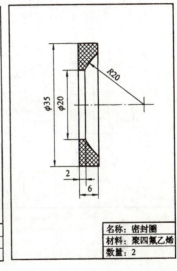

图 9-15 球阀的部分零件草图

对装配图视图的要求：投影关系正确，图样画法和标注方法符合国家标准规定；装配体中各零件的装配关系表达清楚，主要零件的主要结构形状要表达清楚，但不要求把每个零件的形状结构都表达得完全确定；图形清晰，便于阅读者读图；便于绘制和尺寸标注。

1. 主视图的选择

一般按装配体的工作位置放置，并使主视图能够较多地表达装配体的工作原理、零件间主要装配关系及主要零件的结构形状特征。

一般在装配体中，将装配关系密切的一些零件称为装配干线。

球阀的主视图选择方案如下：

(1) 工作位置。球阀一般水平放置，即将其流体通道的轴线水平放置，并将阀芯转至完全开启状态。

(2) 主视图的投射方向。将阀盖放在左边，使左视图能清楚地反映其端面形状。

(3) 沿球阀的前后对称面剖切，选取全剖视图，可将其工作原理、装配关系、零件间的

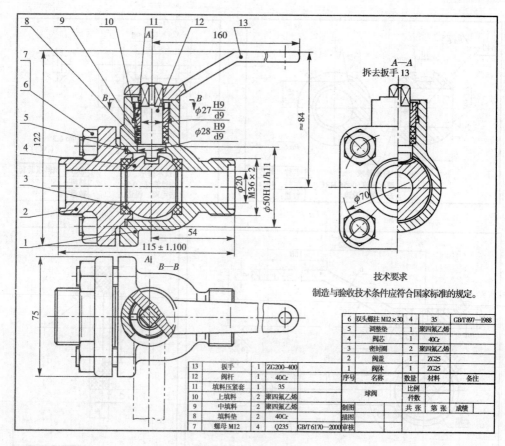

图 9-16 球阀装配图

相互位置表示清楚。

2. 其他视图的选择

主视图选定之后，一般只能把装配体的工作原理、主要装配关系和主要结构特征表示出来，但是只靠一个视图是不能把所有的情况全部表达清楚的。因此，就需要有其他视图作为补充，并应考虑以何种表达方法最能做到易读易画。对主视图未能表示清楚的内容，选用其他视图、剖视图等表示。所选视图要重点突出，相互配合，避免遗漏和不必要的重复。

球阀的主视图虽反映出了工作原理、装配关系、零件间的相互位置，但球阀的外形结构、主要零件的结构形状以及双头螺柱的连接部位和数量等尚未表示清楚，所以选取半剖视的左视图来表示。选取俯视图，主要表达扳手的开关位置，同时表达球阀的外形和扳手的形状。

3. 检查、修改、调整、补充

检查是否表示完全，必要时，进行调整、补充。

9.6.2.2 画装配图的步骤

确定了装配体的视图表达方案后，根据视图表达方案以及装配体大小及复杂程度，选取适当的比例，安排各视图的位置，从而选定图幅，便可着手画图。在安排各视图的位置时，要注意留有编写零件序号、明细栏以及注写尺寸和技术要求的位置。

第9章 装配图

画图时,应先从装配干线入手,画出各视图的主要轴线、对称中心线和某些零件的基面和端面等作图基准线。由主视图开始,几个视图配合进行。画剖视图时按照装配干线,由内向外逐个画出各个零件,即从装配体的核心零件开始,由内向外按装配关系逐层扩展画出各零件,最后画壳体、箱体等支承、包容零件。也可由外向内,即先将起支承、包容作用的壳体、箱体零件画出,再按装配关系逐层向内画出各零件。

下面以球阀为例简要说明其画图过程:

(1)根据所确定的视图数目、图形的大小和采用的比例,选定图幅;并在图纸上进行布局。在布局时,应留出标注尺寸、编注零件序号、书写技术要求、画标题栏和明细栏的位置。

(2)画出图框、标题栏和明细栏。

(3)画出各视图的主要中心线、轴线、对称线及基准线等,如图9-17(a)所示。

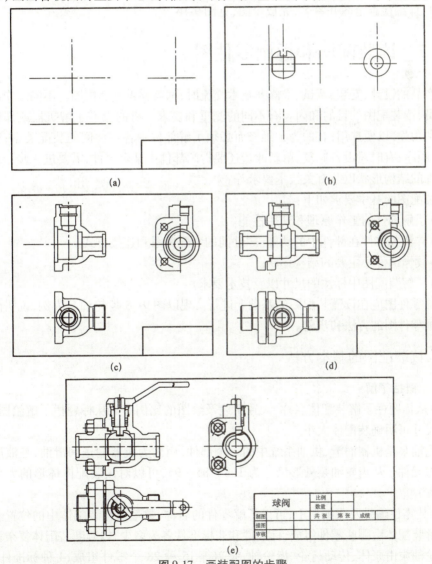

图9-17 画装配图的步骤

(4)画出各视图主要部分的底稿。通常可以先从主视图开始。根据各视图表达的主要内容不同,可采用不同的方法着手。如果是画剖视图,则应从内向外画。这样被遮住的零件的轮廓线就可以不画。如果画的是外形视图,一般则是从大的或主要的零件着手,如图9-17(b)~(d)所示。

(5)画次要零件、小零件及各部分的细节,如图9-17(e)所示。

(6)加深并画剖面线。在画剖面线时,主要的剖视图可以先画。最好画完一个零件所有的剖面线,然后开始画另外一个,以免剖面线方向的错误。

(7)注出必要的尺寸。

(8)编注零件序号,并填写明细栏和标题栏。

(9)填写技术要求等。

(10)仔细检查全图并签名,完成全图,见图9-16。

9.7　读装配图和拆画零件图

在产品的设计、安装、调试、维修及技术交流时,都需要识读装配图。不同工作岗位的技术人员,读装配图的目的和内容有不同的侧重和要求。有的仅需了解机器或部件的工作原理和用途,以便选用;有的为了维修而必须了解部件中各零件间的装配关系、连接方式、装拆顺序;有时对设备修复、革新改造还要拆画部件中某个零件,需要进一步分析并看懂该零件的结构形状以及有关技术要求等。

读装配图的基本要求如下:

(1)了解部件的工作原理和使用性能。

(2)弄清各零件在部件中的功能、零件间的装配关系和连接方式。

(3)读懂部件中主要的结构形状。

(4)了解装配图中标注的尺寸以及技术要求。

拆画零件图应在读懂装配图的基础上进行。现以图9-18齿轮油泵为例,说明读装配图和拆画零件图的方法和步骤。

9.7.1　读装配图的基本方法

9.7.1.1　概括了解

(1)从标题栏了解装配体名称、大致用途及绘图的比例等。从标题栏了解绘图比例,查外形尺寸可明确装配体大小。

齿轮油泵是机器润滑、供油系统中的一个部件,用来为机器输送润滑油,是液压系统中的动力元件。从齿轮油泵外形尺寸为 $118 \times 85 \times 95$,可以对该装配体体形的大小有一个印象。

(2)从零件编号及明细栏中,可以了解零件的名称、数量及在装配体中的位置。从明细栏了解装配体由哪些零件组成,标准件和非标准件各为多少,以判断装配体复杂程度。

齿轮油泵由泵体、传动齿轮、齿轮轴、泵盖等15种28个零件组成,4种标准件,属简单装配体。

第 9 章 装配图

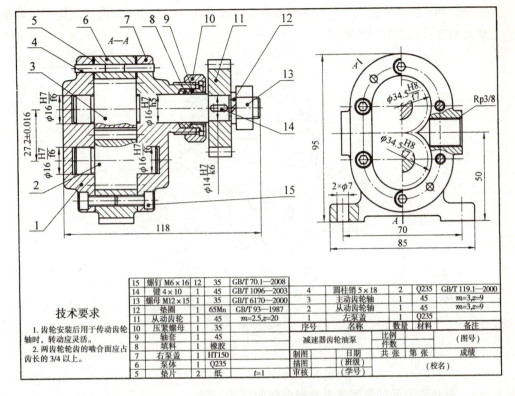

图 9-18 齿轮油泵装配图

(3)分析视图,了解各视图、剖视、端面等相互间的投影关系及表达意图。了解视图数量、视图的配置,找出主视图,确定其他视图投射方向,明确各视图的画法。

9.7.1.2 分析视图,了解工作原理

根据视图配置,找出它们的投影关系。对于剖视图,要找到剖切位置。分析所采用的表达方法及表达的主要内容。

如图 9-18 所示的齿轮油泵共用了两个视图,主视图是用两相交剖切平面剖切的全剖视图,它将该部件的结构特点和零件间的装配、连接关系大部分表达出来。由于齿轮油泵内、外结构形状对称,左视图为半剖视图,采用沿左端面剖切的拆卸画法,表达泵室内齿轮啮合情况,以及泵体的形状和螺钉的分布情况。主视图中的局部剖视图表达了一对齿轮的啮合情况,左视图中的局部剖视图则是用来表达进油口和出油口。

一般情况下,直接从图样上分析装配体的传动路线及工作原理。当装配体比较复杂时,需参考产品说明书。

如图 9-18 所示的齿轮油泵,当外部动力经齿轮传至从动齿轮 11 时,即产生旋转运动。当它逆时针方向(在左视图上观察)转动时,通过键 14 带动主动齿轮轴 3,再经过齿轮啮合带动从动齿轮,从而使从动齿轮轴 2 顺时针方向转动。当主动齿轮逆时针方向转动时,从动齿轮顺时针方向转动,形成负压,油箱内的油在大气压的作用下,经吸油口被吸入齿轮油泵的右腔,齿槽中的油随着齿轮的继续旋转被带到左腔;而左边的各对齿轮又重新啮合,空腔体积缩小,使齿槽中不断挤出的油成为高压油,并由出油口压出,这样,泵室

右面齿间的油被高速旋转的齿轮源源不断地带往泵室左腔,然后经管道被输送到机器中需要供油的部位,如图9-19所示。

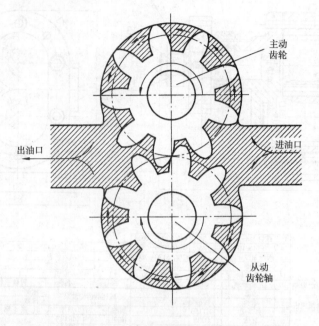

图9-19 齿轮油泵的工作原理

9.7.1.3 分析零件间的装配关系及装配体的结构

细致分析视图,弄清各零件之间的装配关系以及各零件主要结构形状,各零件如何定位、固定,零件间的配合情况,各零件的运动情况,零件的作用和零件的拆、装顺序等。

齿轮油泵主要有两条装配线:一条是主动齿轮轴系统,它是由主动齿轮轴3装在泵体6和左泵盖1及右泵盖7的轴孔内;在从动齿轮轴上装有填料8、轴套9及压紧螺母10;在主动齿轮轴右边伸出端,装有从动齿轮11、垫圈12及螺母13。另一条是从动齿轮轴系统,从动齿轮轴2也是装在泵体6和左泵盖1及右泵盖7的轴孔内,与主动齿轮啮合。

对于齿轮泵的结构可分析下列内容。

1. 连接和固定方式

在齿轮油泵中,左泵盖1和右泵盖7都是靠内六角圆柱头螺钉与泵体6连接,并用圆柱销来定位。填料8是由轴套9及压紧螺母10将其挤压在右泵盖的相应的孔槽内。从动齿轮11靠主动齿轮轴3端面定位,用螺母13及垫圈12固定。两齿轮轴向定位是靠两泵盖端面及泵体两侧面分别与齿轮两端面接触。从图9-18可以看出,采用2个圆柱销定位、12个螺钉紧固的方法将两个泵盖与泵体连接在一起。

2. 配合关系

凡是配合的零件,都要弄清基准制、配合种类、公差等级等。这可由图上所标注的极限与配合代号来判别。如两齿轮轴与两泵盖轴孔的配合均为$\phi 16H7/f6$。两齿轮与两齿轮腔的配合均为$\phi 34.5H8/f7$。它们都是基孔制间隙配合,都可以在相应的孔中转动。

3. 密封装置

泵、阀之类部件,为了防止液体或气体泄漏以及灰尘进入内部,一般都有密封装置。

在齿轮油泵中,主动齿轮轴 3 伸出端用轴套 9 和压紧螺母 10、填料 8 加以密封;两泵盖与泵体接触面间放有垫片的作用也是密封防漏。

4. 装拆顺序

装配体在结构设计上都应有利于各零件能按一定的顺序进行装、拆。齿轮油泵的拆卸顺序是:先拧出螺母 13,取出垫圈 12、从动齿轮 11 和键 14,旋出压紧螺母 10,取出轴套 9;再拧出左、右泵盖上各 6 个螺钉,两泵盖、泵体和垫片即可分开;然后从泵体中抽出两齿轮轴。圆柱销和填料可不必从泵盖上取下。如果需要重新装配上,可按拆卸的相反次序进行。

9.7.1.4 分析零件,看懂零件的结构形状

弄清楚每个零件的结构形状和作用是读懂装配图的重要标志。在分析清楚各视图表达的内容后,对照明细栏和图中的序号,逐一分析各零件的结构形状。分析时一般从主要零件开始,再看次要零件。

分析零件,首先要会正确地区分零件。区分零件的方法主要是依靠不同方向和不同间隔的剖面线以及各视图之间的投影关系进行判别。从标注该零件序号的视图入手,用对线条找投影关系以及根据"同一零件的剖面线在各个视图上方向相同、间隔相等"的规定等,将零件在各个视图上的投影范围及其轮廓搞清楚,进而构思出该零件的结构形状。此外,分析零件主要结构形状时,还应考虑零件为什么要采用这种结构形状,以进一步分析该零件的作用。

零件区分出来之后,便要分析零件的结构形状和功用。例如,齿轮油泵中件 7 的结构形状。首先,从标注序号的主视图中找到件 7,并确定该件的视图范围;然后用对线条找投影关系,以及根据同一零件在各个视图中剖面线应相同这一原则来确定该零件在左视图中的投影。这样就可以根据从装配图中分离出来的属于该件的投影进行分析,想象出它的结构形状。齿轮油泵的两泵盖与泵体装在一起,将两齿轮密封在泵腔内;同时对两齿轮轴起着支承作用。所以,需要用圆柱销来定位,以便保证左泵盖上的轴孔与右泵盖上的轴孔能够很好地对中。

分析清楚零件之间的配合关系、连接方式和接触情况,能够进一步了解装配体。

9.7.1.5 归纳总结

在详细分析各个零件之后,可综合想象出装配体的结构和装配关系,弄懂装配体的工作原理、拆卸顺序。还需对装配图所注尺寸以及技术要求(符号、文字)进行分析研究,进一步了解装配体的设计意图和装配工艺。主动齿轮轴 3 与从动齿轮 11 的配合为 $\phi14H7/k6$,为基孔制过渡配合。$\phi16H7/h6$ 为基孔制间隙配合。$\phi34.5H8/f7$ 为基孔制间隙配合。尺寸 27.2 ± 0.016 为重要尺寸,反映出对啮合齿轮中心距的要求。118 为总长尺寸,85 为总宽尺寸,95 为总高尺寸。$2\times\phi7$、70 为安装尺寸。这样,对装配体的全貌就有了进一步的了解,从而读懂装配图,为进一步拆画零件图打好基础。齿轮油泵的立体分解图如图 9-20 所示。

以上所述是读装配图的一般方法和步骤,事实上有些步骤不能截然分开,而要交替进行。再者,读图总有一个具体的重点目的,在读图过程中应该围绕着这个重点目的去分析、研究。只要这个重点目的能够达到,那就可以不拘一格,灵活地解决问题。

图 9-20　齿轮油泵的立体分解图

9.7.2　由装配图拆画零件图

读懂装配图后,根据装配图画出零件图的过程,称为拆画零件图。下面以拆画图 9-18 装配图中零件图的实例说明由装配图拆画零件图的方法与步骤。

9.7.2.1　确定零件的形状

装配图主要表达零件间的装配关系,往往对某些零件结构形状的表达难以兼顾,对个别零件的某些局部结构未完全表达;零件上某些标准的工艺结构(如倒角、圆角、退刀槽等)进行了省略,在拆画零件图时要注意对这些结构进行补充。

9.7.2.2　确定表达方案

装配图的表达方案是从整个装配体来考虑的。在拆画零件图时,零件的表达方案应根据零件的结构特点来考虑,不能强求与装配图一致。一般来讲,壳体、箱体类零件主视图所选的位置可以与装配图一致。这样,便于装配时对照。而对于轴类零件,一般按加工位置选取主视图。

9.7.2.3　零件图上尺寸的处理

装配图上并不能反映某个零件的全部尺寸,拆画零件图时,对于未直接标明的尺寸大小,通常用以下几种方法进行确定:

(1)装配图已注出的尺寸,必须直接标注在有关零件图上。对于配合尺寸,某些相对位置尺寸,要注出偏差数值。

(2)与标准件相配合或相连接的有关尺寸,要从相应标准中查取。如螺纹尺寸、销孔、键槽等尺寸。

(3)某些尺寸需要根据装配图给出的参数进行计算而定。如齿轮的尺寸。

(4)对于标准结构或工艺结构尺寸,应从有关标准中查出。如倒角、沉孔、退刀槽等尺寸。

(5)对于其他未确定的尺寸,可以在装配图上量取。

9.7.2.4 表面粗糙度和其他技术要求

零件上各表面的表面粗糙度应根据零件表面的作用和要求确定。一般来讲,有相对运动和配合的表面,有密封要求、耐腐蚀要求的表面,其表面粗糙度值应小些;其他表面粗糙度数值应大些,具体数值可查阅附录。

零件图上技术要求的确定涉及有关专业知识,可以参照有关资料和同类产品零件,用类比法确定。

根据以上步骤拆画图 9-18 装配图的零件图,如图 9-21 所示。

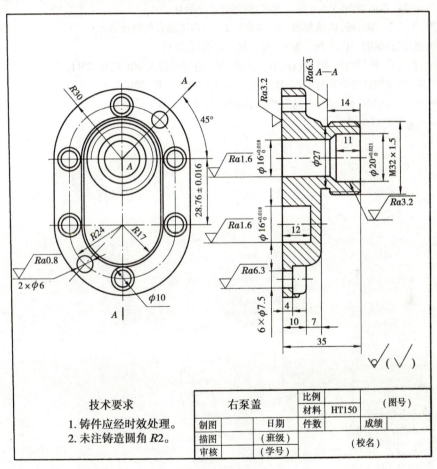

图 9-21 右泵盖零件图

本章小结

通过本章的学习,应熟记装配图的规定画法和特殊画法;通过装配体测绘、装配图绘制和读装配图,能较熟练地掌握装配图的画法和部件的表达方法,提高读图和绘图能力。

参 考 文 献

[1] 单士睿. 机械制图与识图[M]. 东营:中国石油大学出版社,2014.
[2] 杨兴新. 机械图样的识读与绘制[M]. 长沙:中南大学出版社,2014.
[3] 刘力,王冰. 机械制图[M]. 4版. 北京:高等教育出版社,2013.
[4] 李澄,吴天生,闻百桥. 机械制图[M]. 4版. 北京:高等教育出版社,2013.
[5] 钱可强. 机械制图[M]. 3版. 北京:高等教育出版社,2011.
[6] 金莹,程联社. 机械制图项目教程[M]. 西安:西安电子科技大学出版社,2011.
[7] 潘安霞. 机械图样的绘制与识读[M]. 北京:高等教育出版社,2010.
[8] 柳燕君. 机械制图[M]. 北京:高等教育出版社,2010.